JN276316

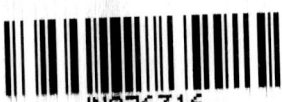

熱とはなんだろう

温度・エントロピー・ブラックホール……

竹内　薫　著

ブルーバックス

●装幀／芦澤泰偉
●カバー・イラスト、扉デザイン／中山康子
●図版／さくら工芸社

プロローグ

鎌倉の山奥にひっそりとそびえたつ（？）猫神家のマンションには、竹内薫、隊長、猫神亜希子の３人とエルヴィンという名の猫が住んでいる。

竹内薫は、いわずと知れた、この本の著者。もともとは、科学者の卵だったのだが、いつも午後の２時頃にならないと起きてこないし、まじめな科学研究に向いていないことは明らかで、いつのまにか、グレて作家になってしまった。

隊長は、ゆえあって氏名が公表できないのだが、結婚したときに苗字が猫神から竹内に変わったことだけが判明している。

隊長「（泣いて頼む）結婚してくれ」
ママ「（困惑気味に）苗字が変わると困るのよね」
隊長「それならボクの苗字を変えます」
ママ「え？　でも、由緒ある猫神家の家長の立場はどうなさるの？」
隊長「はっはっは、そんなもん、かなぐり棄ててやりましょう（と、いいつつ、抱いている仔猫の頭をなでる）」
ママ「しかたないわね」

その後、酒を呑みすぎて、妻に三《み》行《くだり》半《はん》をつきつけられたとか、別居しているとか、悪い噂が絶えないが、真相は不明のままだ。

猫神亜希子は、現役の高校生で、竹内薫の従妹《いとこ》にあたる。隊長の実の姪《めい》である。会社の転勤で両親がアメリカにいっているあいだ、鎌倉の猫神邸に転がり込んできている。かなりのお転婆だが、根は優しい。

エルヴィンは、「ミラクル・キャット」とか「虹の猫」などと呼ばれていて、実際に空から降ってきた猫。単にマンションの三角屋根から転がり落ちて、猫神家のベランダに着地しただけ、という話もあるが、一説には、かの有名なエルヴィン・シュレディンガー博士が「シュレディンガーの猫」と呼ばれる実験につかった猫ともいわれており、実際、夜になると姿がみえなくなるので、半分、生きていて、半分、死んでいる可能性もある。冥界と現世、さらには、時空を超えて旅する能力をもっているらしい。

竹内薫は、数年前まで大学で非常勤講師をやっていたので、いまだに当時の教え子が遊びにくることがある。その中に、かなり頻繁に猫神家を訪れる大学生がいる。上野シンである。彼は、本当は、竹内薫を慕ってくるのではなく、猫神亜希子に恋心を抱いているようなのだが、おとなしい性格なので、いまだ、告白にはいたっていない。

科学書に登場人物がいるというのも奇妙な話だが、本書では、

・会話によって活き活き楽しく
・科学的な事実の紹介は正確に

という二大方針で臨むつもりなので、どうか、お許し願いたい。

亜希子「熱って、いまひとつピンとこないのよね」
竹内薫「どんなところが？」
亜希子「たとえば、学校では、熱は分子の運動だ、と教わるわよね」
竹内薫「そうだね」
亜希子「でも、宇宙で分子がほとんどない真空に近いところでも、温度は絶対零度にはならないんでしょ？」
竹内薫「ペンジアスとウィルソンが1965年に発見した宇宙背景《はいけい》放射というのがあって、宇宙の温度は、約2.7K（ケイ）ということになっている」
隊長「宇宙に『拝啓』とか温度に『計』とか、近頃の若者は、言葉遣いがなっておらん……亜希子も『絶対に零度にはならない』と、ちゃんと、『てにをは』をきちんとな」
エルヴィン「ぶぶぶ……隊長、ちょっとお耳を」
隊長「なんじゃ？」
エルヴィン「お言葉ですが、拝啓ではなく、『バックグラウンド』という意味の背景ですし、計ではなく温度の単位のケルヴィンの頭文字のKですし、絶対零度というのも、絶対に零度というのとはちょっとちがいます」
隊長「うん？　ならば、ワシにわかるように説明せい」

もくじ

第2章 ちょっとエンジンをかける

第3章　溶鉱炉とブラックホールの黒い関係

第1章

マックスウェルの悪魔21

§マックスウェルの悪魔って誰？

この本の主題のひとつが「マックスウェルの悪魔」である。悪魔は「魔」とか「魔物」ともいわれる。英語ではDemon（デーモン）。デーモンというと、すぐにキリスト教の悪魔のイメージを思い浮かべるが、西洋古典の授業でギリシャを勉強すると、たとえば「ソクラテスのデーモン」というようなのもでてくる。これは「天の声」とか訳してもいいかもしれない。

ジェイムズ・クラーク・マックスウェルは電磁気の研究で有名だが、熱の研究もやっていた。それで、1867年に友人あてに手紙を書いて、奇妙な「悪魔」が熱力学の第二法則を破るのではないかといいはじめた。その後、1871年に『熱の理論』という本を書いたのだが、それ以来、「マックスウェルの悪魔」は世界中に広まったのである。

マックスウェルは、小悪魔について、こんなふうに書いている。

感覚が研ぎ澄まされていて、どんな分子の軌跡でも追うことができるような小悪魔を思い浮かべてみよう。この小悪魔は、本質的には人間と同じように有限の能力しかもっていない。だが、目下のところ人間にはできないこともできてしまう……。　（『熱の理論』竹内訳）

うーむ、マックスウェルは「小悪魔」という表現をつかっていないし、かなり意訳してあるのでご注意ください。とにかく、生き物であれ機械であれ、分子1個1個の動きを追うことができるような存在を考えてみよう、というのである。

続いて、マックスウェルは、バケツに入ったたくさんの分子をだしてきて、小悪魔に分子を選別させることを考える。

容器を仕切りでふたつの部屋に分けよう。ＡとＢという具合に。仕切りにはちっちゃな穴があいている。１個１個の分子の見分けがつく小悪魔は、速い分子はＡからＢへだけ穴を通すようにし、逆に、遅い分子はＢからＡへ通すようにする。すると、小悪魔は、仕事をせずに、Ｂの温度をあげてＡの温度をさげてしまう。熱力学第二法則に反して。

（『熱の理論』竹内訳）

ここまで読んだ読者から、すぐに抗議の手紙が舞い込みそうです。なぜなら、誰がどう考えても小悪魔は「仕事」をしているように思われるし、しょっぱなから説明もなしに「熱力学第二法則」という言葉がでてくるし。

第一の批判に対しては、

「熱力学では『仕事』という言葉は特殊な言葉遣いがされる」

と答えてもいいし、それどころか、

「力学でも『仕事』は日常用語とはちがったつかわれ方をする」

と答えることもできる。

僕の中学と高校の先生は、たしか、汗水垂らして重い石を押して、石がまったく動かなかったとき、世間では「仕事」をしたというけれど、物理学では「仕事」とはいわない、といっていたっけ。力学では、仕事というのは

力×距離

というふうに定義されるので、いくら力をだしても、距離がゼロだったら、仕事もゼロなのだ。いわば、結果がすべての完全歩合制のような世界なのだともいえる。

では、熱力学ではどういう定義になっているかは、おいおい述べてゆくことにするので、きちんと最後まで本を読んでください。

第二の批判についても、この本自体がマックスウェルの悪魔と熱力学第二法則を中心テーマとしているので、やはり、本を読み進むうちにわかるはずです。

この悪魔の問題、実は、きわめて大きな論争を巻き起こしたのであるが、驚いたことに、ようやく1982年になって解決をみた。実に111年の長きにわたって未解決のままだった。

解決にいたる道筋を大まかに図示すると、こんな感じになる。

1871年　マックスウェルの悪魔「小悪魔が熱力学第二法則を破るのでは？」

↓

1929年　シラードのエンジン「1分子エンジンの思考実

験で問題は解決？」

↓

1956年　ブリルアンの測定理論「悪魔が観測するとエントロピーが生まれる」

↓

1961年　ランダウアーの原理「メモリーを消去すると熱がでるゾ」

↓

1971年　ホィーラーの逆理「ブラックホールこそマックスウェルの悪魔だ」

↓

1972年　ベケンシュタインのブラックホール熱力学「ブラックホールは悪魔ではない」

↓

1974年　ホーキング放射「ブラックホールは蒸発する」

↓

1982年　ベネットによる最終解決「シラードとランダウアーの考察の合わせ技」

↓

1996年　ヴァッファとストロミンジャー「ブラックホールのエントロピーを『ひもの統計力学』で計算」

通常は、ブラックホールはマックスウェルの悪魔の話にはでてこないのだが、現代的な観点から振り返ってみると、僕には、こういう流れで現状を整理すると問題の拡がりを多角的に実感できるような気がする。

このうち、シラードのエンジンというのは、かなり重要な話題で、マックスウェルの悪魔の積年の課題に一応の決着をつけたのだとみることができる。さらに、ブリルアンの測定理論で決定的に問題に終止符が打たれたと、ほとんどの物理学者が考えるようになった。

だが、そのあとにどんでん返しが待っていたのである。そして、ベネットの考察によって紆余曲折を経た悪魔の旅は終焉《おわり》をむかえたのだ。

なお、シラードのエンジンは、1948年のシャノンの情報理論へとつながるという意味で、別な意味での重要性をもっているのだが、この本では、パソコンの熱は扱うが、情報理論そのものへ深入りすることはしません。

パソコンとブラックホールでマックスウェルの悪魔と対決し、熱力学第二法則を梃子《てこ》に「熱」の本質に迫ってみようというのが本書の狙いなのである。

§「現代版」のマックスウェルの悪魔はパソコンに潜んでいる？

都筑卓司先生が書いた『マックスウェルの悪魔』というブルーバックスの名著がある。

僕は中学生のときに読んだ。

身近な話題から熱力学という学問の本質に迫った本で、永久機関の話から高尚なエントロピーなどの概念にまで踏み込んで、熱と確率というあざやかな切り口には、ナルホド、とうなずかされたものだ。

現代風に熱の物理学の話をする場合、当然のことながら、身近な話題というのも変わってくる。いまでは、蒸気機関車を目にする機会はほとんどないし、エントロピーという概念だって、経済学や環境学で「これでもか」というほど多用されてしまって、いまでは言葉の響き自体が色褪せた感がある。

いま、机に座ってこの原稿を書きながら、いちばん身近で熱現象が関係しているものはなにかと考えていたら、思わず笑ってしまった。

灯台もと暗し。

目の前で原稿を書くのにつかっているパソコンが「わんわん」と唸りをあげて熱を発散しているではないですか。

これこそ、いちばん身近な熱現象ではあるまいか？

「いっちょ、パソコンと熱の関係について調べてやれ」

そう思い立った僕は、大学時代の教え子で竹内薫・湯川薫サイト（http://kaoru.to）をボランティアで運営してくれているグリペンさんに秋葉原を案内してもらうことにした。

久しぶりの秋葉原は様変わりしていた。

僕が中学生のころといえば、秋葉原は電気街だったのであり、テレビや洗濯機やクーラーといった家庭電化製品を安売りしている場所で、路地裏の怪しげな電気店に入ると、とても店舗とはいえないほどの狭さで、商品のディスプレーもない。でも、その店の奥には倉庫があって、そこには、喉から手が出るほど欲しいカセットデッキがおいてあるのだ。定価ではとても買えない代物が、意地悪そうな店の親父との交渉次第では、中学生の小遣いでもなんとかなるのではないか。そんな淡い期待とともに、毎日、秋葉原をうろついていた。
　でも、結局は、海千山千の店の親父に騙されて、さほど定価と変わらぬ値段でお年玉を全額吸い上げられて、それでも、なにがしかの得をしたような気分に浸って、カセットデッキの箱を抱えて家路についた覚えがある。
　古き良き時代の秋葉原だ。
　そうそう、忘れてはならないのが、手作りのラジオに欠かせない部品屋だ。電気コイルからアンテナからトランジスタまで、どんなに細かい部品でも手に入ったから、工作がへただった僕も、まるで宝物の屑（！）を見物するように、わけのわからない店先のなんに使うかもわからない商品を覗いて歩いて廻ったものだ。
　最近の秋葉原は、パソコンの街なのだとばかり思っていた僕は、さらなる衝撃を受けた。
　電化製品に見切りをつけてパソコンを売っていたのも、すでに昔の話で、いまでは、かなりの割合で「おたく」の店が増えているのだという。
　高度成長期の白物《しろもの》家電からITの前触れのパソコンに席巻された秋葉原は、21世紀には「おたく」の店が軒を連ねるようになるのだろうか。だとしたら、コンテンツ産業に代表される「おたく」の文化が日本の経済の未来を背《しょ》負って立つようになるのか。時代を正直に反映する街の変貌に、僕は、驚きと戸惑いを隠せなかった。

　なんて、関係のない脱線でした。
　本題に戻ろう。

グリペンさんにパソコンの自作のための部品を売っている店に案内してもらった。グリペンさん自身、パソコンを自作している。これは、僕が中学生のころにラジオを組み立てていたのが進化したのだな。

ラジオのトランジスタやダイオードの代わりにハードディスクやCPUの基板が並んでいる。筐体《きょうたい》のほかにキーボードやマウスなどもさまざまな形状や色のものがあって、450円などという値札がついている。

CPUの演算処理速度の話は日進月歩で、ついてゆくことができない。

最近では、酒を呑みながら、年配の人に、

「ご専門ですから、最速のパソコンをお使いでしょうな。……メガヘルツくらいのやつですか？」

などと訊かれるたびに、使っているパソコンの演算処理速度も知らない自分に奇妙な衝撃をうけたりして、早くもITボケがはじまったかと危惧の念を抱いたりする。

物理学科をでてインチキプログラマーをやっていたのは事実であり、たしかに何万行ものプログラムを書いて広告代理店に納入していた。

だけど、もう「引退」してかなりの時間がたつので、いまどきの流行《はや》りや会社で使われている機種についてもわからなくなった。

それでも、一緒に酒を呑んでいる現役のプログラマーが私用には旧態依然とした遅い機種をつかっているのをみて、

「弘法は筆を選ばず」

などと嘯《うそぶ》いていると、さらに隣で話を聞いていた若手のシステムエンジニアが、ボソッと、
「弘法も筆の誤り」
とつぶやいていたりする。

で、ようやく本論に入る。

秋葉原の店で見たCPUの基板には小さな冷却用のファンがついていた。パソコンを自作している人なら誰でも経験的に知っていることだが、演算処理速度が速ければ速いほど大量の熱が発生するから、強制的にファンで冷却してやらないと燃えてしまう。

パソコンのなかではワープロのソフトが動いているわけだが、「電子計算機」という古色蒼然とした和名が示すごとく、ようするに計算をやっているだけのことだ。ブルーバックスの読者の多くはエンジニアやソフト関係者だと思うので、いまさら、釈迦に説法になる恐れがあるが、そういう業界関係者以外の読者のために説明しておくと、ワープロの文字には「背番号」がついている。英語だとASCII（アスキー）コードといわれるものだし、日本語だとJIS（ジス）コードと呼ばれている。（**図1**）

だから、ワープロで文章を書くということは、とりもなおさず、電子計算機が計算をおこなっているのであり、その計算の際に熱が発生するのである。

そんなのあたりまえじゃないかといわれるかもしれないが、それでは、
「計算をおこなうと具体的にどれくらいの熱が発生するの

	第2バイト	21	22	23	24	25	26	27	28	29	2A	2B	2C	2D	2E	2F	30	31	32	33	34	35	36	37
第1バイト	区＼点	1	2	3	4	5	6	7	8	9	10	11	12	13	14	15	16	17	18	19	20	21	22	23
21	1		、	。	，	．	・	：	；	？	！	゛	゜	´	｀	¨	＾	￣	＿	ヽ	ヾ	ゝ	ゞ	〃
22	2	◆	□	■	△	▲	▽	▼	※	〒	→	←	↑	↓	＝	㈱	㈲	Ⅰ	Ⅱ	Ⅲ	Ⅳ	Ⅴ	Ⅵ	Ⅶ
23	3																０	１	２	３	４	５	６	７
24	4	ぁ	あ	ぃ	い	ぅ	う	ぇ	え	ぉ	お	か	が	き	ぎ	く	ぐ	け	げ	こ	ご	さ	ざ	し
25	5	ァ	ア	ィ	イ	ゥ	ウ	ェ	エ	ォ	オ	カ	ガ	キ	ギ	ク	グ	ケ	ゲ	コ	ゴ	サ	ザ	シ
26	6	Α	Β	Γ	Δ	Ε	Ζ	Η	Θ	Ι	Κ	Λ	Μ	Ν	Ξ	Ο	Π	Ρ	Σ	Τ	Υ	Φ	Χ	Ψ
27	7	А	Б	В	Г	Д	Е	Ё	Ж	З	И	Й	К	Л	М	Н	О	П	Р	С	Т	У	Ф	Х
30	16	亜	唖	娃	阿	哀	愛	挨	姶	逢	葵	茜	穐	悪	握	渥	旭	葦	芦	鯵	梓	圧	斡	扱
31	17	院	陰	隠	韻	吋	右	宇	烏	羽	迂	雨	卯	鵜	窺	丑	碓	臼	渦	嘘	唄	欝	蔚	鰻
32	18	押	旺	横	欧	殴	王	翁	襖	鴬	鴎	黄	岡	沖	荻	億	屋	憶	臆	桶	牡	乙	俺	卸
33	19	魁	晦	械	海	灰	界	皆	絵	芥	蟹	開	階	貝	凱	劾	外	咳	害	崖	慨	概	涯	碍
34	20	粥	刈	苅	瓦	乾	侃	冠	寒	刊	勘	勧	巻	喚	堪	姦	完	官	寛	干	幹	患	感	慣
35	21	機	帰	毅	気	汽	畿	祈	季	稀	紀	徽	規	記	貴	起	軌	輝	飢	騎	鬼	亀	偽	儀
36	22	供	侠	僑	兇	競	共	凶	協	匡	卿	叫	喬	境	峡	強	彊	怯	恐	恭	挟	教	橋	況
37	23	掘	窟	沓	靴	轡	窪	熊	隈	粂	栗	繰	桑	鍬	勲	君	薫	訓	群	軍	郡	卦	袈	祁
38	24	検	権	牽	犬	献	研	硯	絹	県	肩	見	謙	賢	軒	遣	鍵	険	顕	験	鹸	元	原	厳
39	25	后	喉	坑	垢	好	孔	孝	宏	工	巧	巷	幸	広	庚	康	弘	恒	慌	抗	拘	控	攻	昂
3A	26	此	頃	今	困	坤	墾	婚	恨	懇	昏	昆	根	梱	混	痕	紺	艮	魂	些	佐	叉	唆	嵯
3B	27	索	拶	撮	擦	札	殺	薩	雑	皐	鯖	捌	錆	鮫	皿	晒	三	傘	参	山	惨	撒	散	桟
3C	28	次	滋	治	爾	璽	痔	磁	示	而	耳	自	蒔	辞	汐	鹿	式	識	鴫	竺	軸	宍	雫	七
3D	29	宗	就	州	修	愁	拾	洲	秀	秋	終	繍	習	臭	舟	蒐	衆	襲	讐	蹴	輯	週	酋	酬
3E	30	勝	匠	升	召	哨	商	唱	嘗	奨	妾	娼	宵	将	小	少	尚	庄	床	廠	彰	承	抄	招
3F	31	拭	植	殖	燭	織	職	色	触	食	蝕	辱	尻	伸	信	侵	唇	娠	寝	審	心	慎	振	新
40	32	澄	摺	寸	世	瀬	畝	是	凄	制	勢	姓	征	性	成	政	整	星	晴	棲	栖	正	清	牲
41	33	繊	羨	腺	舛	船	薦	詮	賎	践	選	遷	銭	銑	閃	鮮	前	善	漸	然	全	禅	繕	膳
42	34	臓	蔵	贈	造	促	側	則	即	息	捉	束	測	足	速	俗	属	賊	族	続	卒	袖	其	揃
43	35	叩	但	達	辰	奪	脱	巽	竪	辿	棚	谷	狸	鱈	樽	誰	丹	単	嘆	坦	担	探	旦	歎
44	36	帖	帳	庁	弔	張	彫	徴	懲	挑	暢	朝	潮	牒	町	眺	聴	脹	腸	蝶	調	諜	超	跳
45	37	邸	鄭	釘	鼎	泥	摘	擢	敵	滴	的	笛	適	鏑	溺	哲	徹	撤	轍	迭	鉄	典	填	天
46	38	董	蕩	藤	討	謄	豆	踏	逃	透	鐙	陶	頭	騰	闘	働	動	同	堂	導	憧	撞	洞	瞳

図1　ワープロの種明かしJISコード

か？」
と問われれば、業界関係者以外は、おそらく、ハタと考え込んでしまうにちがいない。

そう、目の前のパソコンの熱の問題は、現代的な熱力学の入門に最適な練習問題なのだ！

もっとも、エンジニアであれば、実際にパソコンの試作機を組み立ててみて、熱で燃え上がらないようにファンで冷やしてみて、試行錯誤の末に、
「これでよし」
というかもしれない。

巷《ちまた》では自家製のパソコンを組み立てるのがあたりまえになっているけれど、おそらく、みんな、あれこれやってみて、ファンの強さを決めているにちがいない。

だが、この本は、物理学の本なのだ。

だから「やってみりゃいいじゃねえか」で終わるわけにはいかない。

物理学では、
「ある計算をおこなうと最低限どれくらいの熱が発生するのであるか？」
という原理的な質問をして、それに答えるのである。

いわゆる理論値というやつである。

実際、秋葉原の店にいって部品を買ってきて自前のパソコンを組み立てるときには必要ないが、宇宙探査船の軌道を計算したり台風の予測をしたりするのにつかわれるスーパーコンピューターを設計するとなれば、あらかじめ理論

値をもとめておくのが常道というものだろう。

§計算に必要な熱はゼロ？

長い前振りのあとに驚愕的な事実がでてくるのはミステリー小説の常道だが、計算機と熱の関係についても、実にユニークな答えが待ち受けている。

実は、

「計算に必要な最小の熱は存在しない」

のである。

なんて、非常識な！

どう考えてもおかしい。

それだったら、エネルギーをつかわずに計算することもできるのか？　永久機関ならぬ永久計算機が可能なのか？

計算というのは、たとえば、目の前のパソコンの内部でコンピューターチップが作動していることである。コンピューターチップが作動するというのは、ようするに、チップ内を電子が動きまわることである。当然のことながら、最初に電子を動かさないと話にならないわけで、そのためには、エネルギーが必要になる。

だから、最初からエネルギーなしでは計算はおこなわれない。

あたりまえの話だ。

だが、最初に一定のエネルギーを与えて、電子を動かして、計算が終わった時点で、その電子がもっているエネルギーをそっくりそのまま「回収」したらどうなるだろう？もし、つぎ込んだエネルギーを残らず回収することが可能ならば、結果的にエネルギーをつかわなかったのと同じことになる。

ほら、よくタダのコインロッカーがあるでしょう。駅などの有料のロッカーとちがって、スポーツジムなどにおいてあるやつ。最初に百円硬貨をいれて荷物を中に入れて閉める。すると鍵がはずれる。あとで鍵を差し込んでガチャッとまわすと開いて百円硬貨も戻ってくる。たしかに最初はお金を払ったかもしれないが、ロッカーをつかったあとで全額回収できるから、損得ゼロで無料ロッカーというわけ。

あれと同じだ。

でも、無料ロッカーはたしかに存在するが、無料計算なんてあるのだろうか?

最初につぎ込んだエネルギーを100パーセント回収できる場合、その過程は「可逆」だという。つぎ込んだエネルギーの一部が「熱」として失われて周囲の環境に散逸してしまって回収不能な場合、その過程を「不可逆」と呼ぶ。

もしも計算が可逆ならば、つぎ込んだエネルギーをそっくりそのまま取り戻すことができるのだから、早い話がタダで計算をおこなうことができる。

もしも計算が不可逆ならば、熱となって逃げてしまったぶん、エネルギーに損失が生じることになる。覆水が盆にかえらないのと同様、いったん「熱」になってしまったエネルギーを100パーセントの効率で回収することはできない。

それで、驚くべきことに、理論的には、計算というものは、可逆な過程なのである。というか、可逆な過程にすることができるのである。だから、計算をおこなっても熱が発生しないようにすることは常に可能なのだ。

計算は（熱が発生しない）可逆過程でおこなうことが可能

この結果は、かなり常識に反している。なぜならば、自作か他作かを問わず、パソコンをつかっている人ならば誰でも計算にともなって熱が生じていることを知っているのだから。もしも、計算で生じる熱をいくらでも小さくできるのであれば、どうして、わざわざ、強制冷却用のファンなど必要になるのか。

どうもきな臭い話だ。

なにかトリックが隠されているにちがいない。

シュレ猫談義

隊長「熱が周囲に散逸するとは？」

竹内薫「コンピューターチップの周囲には空気がありますね」

隊長「ふつうはな」

竹内薫「空気はなにからできていますか？」

隊長「空気は酸素からできておる」

エルヴィン「あ、隊長、酸素だけではなく、二酸化炭素とか窒素とか、埃《ほこり》とか……いろいろと混ざっているかと……」

隊長「わかっとるわい」

竹内薫「そういった空気の分子の運動が激しくなるわけです」

隊長「分子を丸い球と考えてもいいかの？」

竹内薫「お好きなように」

隊長「チップから熱が発生するとは、ようするに、チップのエネルギーが減ったぶん、近くにあった分子の球の運動エネルギーが増えたということなのか？」

竹内薫「そうです」

隊長「じゃが、チップのエネルギーを球の運動エネルギーに変換できるのであれば、その逆も可能なような気がするが」

竹内薫「空気分子はたくさんあって、みんな、バラバラな方向に飛んでいますから、そのエネルギーを全部、うまく回収する方法がないのですよ」

隊長「熱が生じるとエネルギーが回収できなくなるのは、ようするに、分子がたくさんあってバラバラな方向に動いてしまうからなのか」

竹内薫「とりあえず、そう考えておいてください」

§とりかえしのつく回路とつかない回路

無料計算の話のどこにトリックがあるのかを理解するためには、少々、準備が必要になる。

というより、準備をするふりをしながら、徐々に熱の本質に迫ってみたいのだ。いくつかの準備が終わったら、ふたたび、計算と熱の関係にもどることになるが、計算の話だけが目的なのではない。

前節でエネルギー損失(＝熱)なしで計算ができるといったが、無論、あらゆる計算がタダでできるわけではない。

計算には２種類ある。可逆な計算と不可逆な計算だ。

ふつう、計算というと、足し算とか割り算のような算数を思い浮かべる人が多いかもしれない。たしかに、それも計算にちがいないが、コンピューターで計算をする場合、もっと基本になる計算があって、それをもとに足し算をやったり数値計算をやったりワープロとして機能させたりする。

つまり、基本的な「論理回路」があって、その組み合わせで複雑な計算がおこなわれているわけ。

それで、たとえば、「A かつ B」とか「A または B」という基本的な論理計算は、不可逆だが、「A でない」という論理計算は可逆だ。

なぜだろう？

まず、「A かつ B」をみてみよう。

これは、「AND」回路と呼ばれるもので、入力と出力が次のような表になっている。

入力 A	入力 B	出力
1	1	1
1	0	0
0	1	0
0	0	0

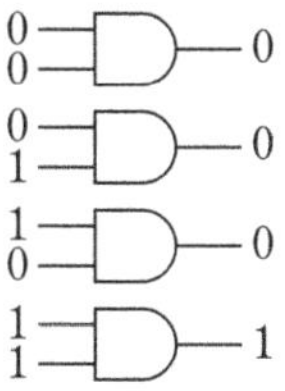

図2　AND回路

ここで、「1」と「0」は、それぞれ、「イエス」と「ノー」だと考えてください。だから、AND回路の場合、ふたりともイエスの場合だけ、結果もイエスになる。全員賛成でないと意見が通らないような情況だ。

これとは逆に、「AまたはB」という回路は、「OR」回路と呼ばれるが、どちらかがイエスといえば、結果もイエスになる。テレビのタレント養成番組で、最終的に、どこかひとつのプロダクションが手をあげてくれれば合格してデビューできるが、あれと同じ。

入力A	入力B	出力
1	1	1
1	0	1
0	1	1
0	0	0

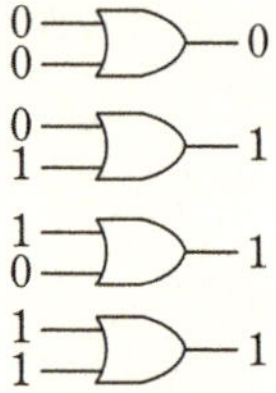

図3　OR回路

最後に、「Aでない」というのは「NOT」回路といわれていて、入力と出力が逆になる。イエスといえばノー、ノーといえばイエスという天《あま》の邪鬼《じゃく》な回路である。

入力A	出力
1	0
0	1

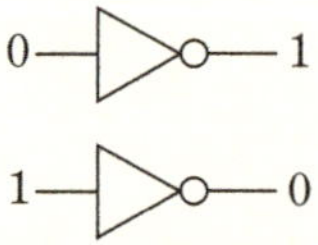

図4　NOT回路

学校で数理論理学や計算機概論を勉強すると、あらゆる回路が、たとえばAND回路とNOT回路だけで組み立てられることを教わる。あるいは、OR回路とNOT回路でも他のすべての計算回路を組み立てることができる。そういう意味で、ここにあげた論理回路は、基本中の基本なのだといえる。

あらゆる計算回路はANDとNOTからつくることができる

あるいは、同じことだが、

あらゆる計算回路はORとNOTからつくることができる

それでは、最低、ふたつの回路があればいいかといえば、実は、たったひとつだけで他のすべてをつくることのできるような窮極の回路というのもある。論理学の授業では、そういう窮極の回路として「ストローク関数」というのがでてくる。計算機数学では、NAND（ナンド）回路とかNOR（ノア）回路と呼ばれている。あるいは、この節のおわりのほうでは、「フレトキン・ゲート」というのがでてくる。

うん？　ゲートって何？

「ゲート」というのは英語のgateであり、直訳すると「門」

なので、門から入るとセキュリティチェックされて、結果が出るというようなイメージなのだと考えていただきたい。

ANDゲート＝門番Ａのゲートを通り、門番Ｂのゲートも通ると出口に出られる
ORゲート＝門番Ａのゲートを通っても、門番Ｂのゲートを通っても出口（出口は合流している）

あまり長々と論理回路の話をしていると読者が白けてしまうので、計算機科学の参考書を巻末に挙げておきますから、興味のある方はご一読ください。

先に進もう。
「可逆」というのは、元に戻ることができる、という意味だ。
「不可逆」というのは、とりかえしがつかない、ということだ。
論理回路の場合、可逆というのは、出力をみれば入力が復元できる場合をさす。たとえば、NOT回路の場合、出力が０だったら入力は１だし、出力が１だったら入力は０だということがわかるから、可逆なのである。単に出力を逆にするだけでいいのだから、復元できるのはあたりまえ。
AND回路の場合は、もう一度、表をご覧いただくと、たとえば出力が1だったら入力は1がふたつだとわかるから、復元できるように思われる。だが、出力が０だったらお手

上げである。なぜなら、出力が０の場合、入力としては、

A ＝ 1、B ＝ 0
A ＝ 0、B ＝ 1
A ＝ 0、B ＝ 0

の３つの可能性があって、実際の入力がこのうちのどれであったか、皆目見当がつかないからだ。つまり、AND 回路は復元不可能という意味で不可逆なのである。

OR 回路も同様に不可逆である。

まあ、ふつうの計算でも、たとえば足し算の場合、答えが５だからといって、なにとなにを足したかは復元できやしない。だって、1と４を足したかもしれないし、2と3を足したかもしれないではないか。

どうやら、ちょっと複雑な計算は、みんな不可逆のように思われる。

だが、驚いたことに、ちょっとしたアイディアで、計算はすべて可逆にすることができるのだ。

そのアイディアとは？

アイディア　線を足してみる

線を足す？　どういうことなのだ？

こういうのは、気づいてしまえば「ナーンダ」ということになるのだが、あまりにもあたりまえすぎて、最初に考えた人は実に偉いと思う。

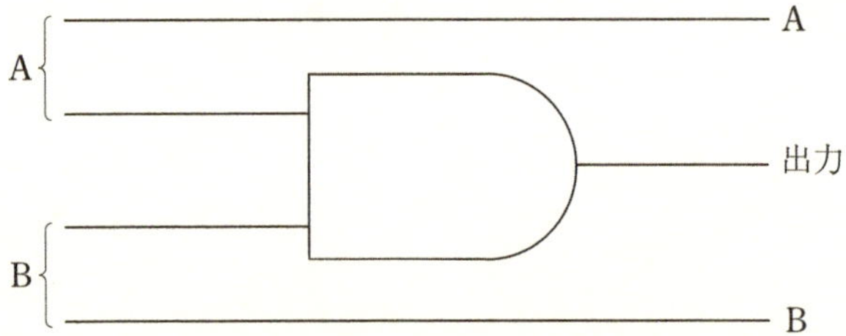

図5　線を足すと入力を完全に復元できる

考えてみると、NOT回路は入力も出力も1本で同じだったが、AND回路やOR回路は入力が2本あるのに出力は1本しかなかった。当然、途中で情報が失われてしまうから、完全な復元ができなかったのだ。そこで、本来、不可逆なはずのAND回路を可逆にするには、たとえば入力線をそのまま出力としてだしてやればいい。(**図5**)

補助線を入れてしまうのである。

こうすると、計算結果のほかに入力が出力されるから、当然、入力を完全に復元することができる。

言い換えると、入力を覚えておけばいいのである。

このアイディアは、一見、くだらないようだが、実は、画期的なのだ。なぜなら、不可逆な回路を可逆に変えてしまうのだから。

読者は、笑いながら、

「そんなのズルだ」

と思われるかもしれない。

だが、基本回路の形は、別に神様が決めたわけじゃない。自然界に最初から存在するわけでもない。だから、線を増やすことは別にズルでもなんでもない。

ただし、ちょっと気にかかることがある。

それは、基本回路だけなら補助線を2本増やすだけで話は済むが、どんどん計算が複雑になっていったら、いったい、どれくらい線を増やせばいいかということ。

これは、ようするに、メモリーの問題なのである。入力をそのまま出力としてだすというのは、入力結果をメモリーに蓄えておくということだ。当然のことながら、計算が複雑になるにつれて、メモリーに蓄えておかなくてはならない情報もどんどん増えてゆくにちがいない。

いったいどうなるのか？

§ビリヤード型コンピューター

熱の本なのに、なにやら、わけのわからない話ばかりで恐縮だが、現代的な熱力学の展開を理解するためには、どうしても計算の話をしないといけないので、そこんとこ、ヨロシク。

で、前節の最後の問題は、しばらくおいておいて、この節では、一風変わった「計算機」をご紹介しよう。フレトキンとトフォリという人が考えた、ビリヤード、つまり、玉突きの玉で計算をやってしまおうというとんでもない発明である。

もちろん、実際にこんな馬鹿な機械をつくる人はいないので、あくまでも「計算」を理解するための思考実験である。

ふつうのコンピューターでは電気信号、つまり電子が入力されて、論理ゲートを通り抜けて、出力されるようになっている。

ビリヤード型コンピューターは、電子の代わりにビリヤードのボールを入力して、ボールどうしが途中で衝突したり壁で跳ね返ったりして、ボールが外に出力されるしくみになっている。

百聞は一見に如《し》かず。

図をご覧いただきたい。（**図 6**）

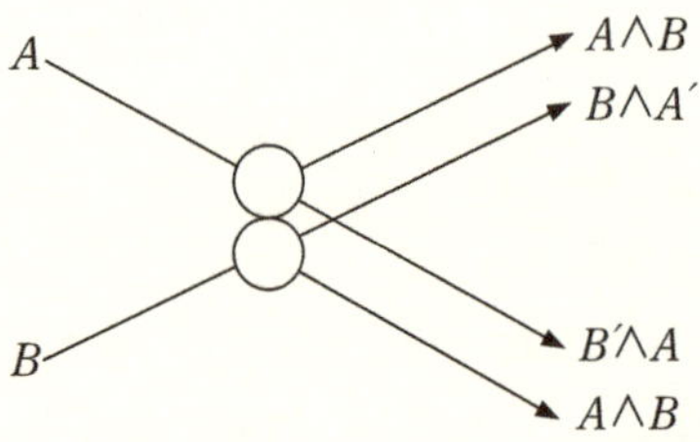

図6　ビリヤード型コンピューターの論理構造
A′は「NOT A」を意味する（図6～9　A. ヘイ、R. アレン編、原康夫ほか訳『ファインマン計算機科学』より）

これは、ふたつのボール A と B を入力する基本パターンである。といっても、ボールはふたつとも入力する必要はない。入力する場合は「1」であるし、入力しない場合は「0」だと考える。ボールが「ある」か「ない」か、「イエス」か「ノー」かである。

まず、ボール A だけを入力すると、それは、そのまま上から 3 番目の出口からでてくる。驚くなかれ、これは、

A かつ（B でない）

という論理計算になっている。なぜならば、３番目の出口からでてきたということは、途中で衝突が起きなかったということであり、なおかつ、ボールＡは入力された、ということを意味するのであるから。つまり、３番目の出口から玉がでてきたために、Ａは「ある」がＢは「ない」のだということがわかるわけ。

これは立派な論理計算である。

逆にＢだけ入れたら、結果は、上から２番目の出口から玉がでてきて、これは、

（Ａでない）かつＢ

という計算を意味する。

あるいは、ＡもＢも両方とも入力すれば、玉どうしが途中で衝突して跳ね返って、一番上と一番下の出口からでてくる。このふたつの出口は、両方とも、

ＡかつＢ

を意味することになる。

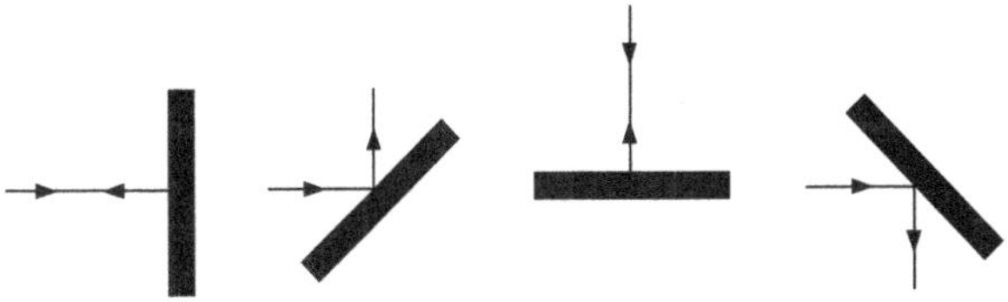

図7　方向転換のゲート

どうでしょう？　単なるビリヤードの玉の衝突なのだが、こうやって考えてみると「計算」にみえてくるから不思議だ。

もっとも、ボールをぶつけるだけではたいした計算はできない。ちゃんとした計算をおこなうには、ボールの方向を変える「鏡」が必要になる。（図7）

ようするに機械仕掛けの計算機なのだな、これは。

それで、前節でやったように、計算を可逆にするためには、最初の入力情報をそのままだすようなしくみも必要になる。「スイッチ」と呼ばれるのは、まさにそのようなしくみなのだが、玉どうしの衝突と鏡をつかって組み立てることができる。（図8）

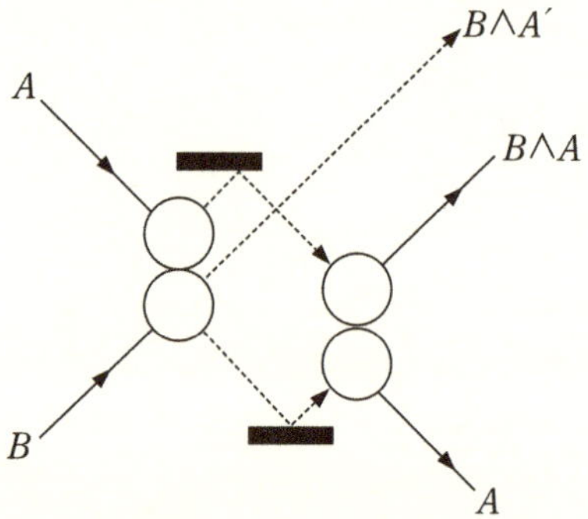

図8　ビリヤード型コンピューターのスイッチ

この「スイッチ」では、一番下の出口はなにを意味するだろう？

実は、これは、「A」そのものをあらわしている。なぜなら、Aが「1」なら一番下から玉がでてきて「1」だし、A

が「0」なら一番下から玉はでてこないから「0」になるので。これが「スイッチ」と呼ばれる理由は、Aがあるかないかで、Bのでてくる場所が入れ替わるからである。

さて、こんなふうに続けていくと、あらゆる計算回路をつくる基礎になる「フレトキン・ゲート」というものも組み立てることができる。とくと図をご覧いただきたい。（図9）

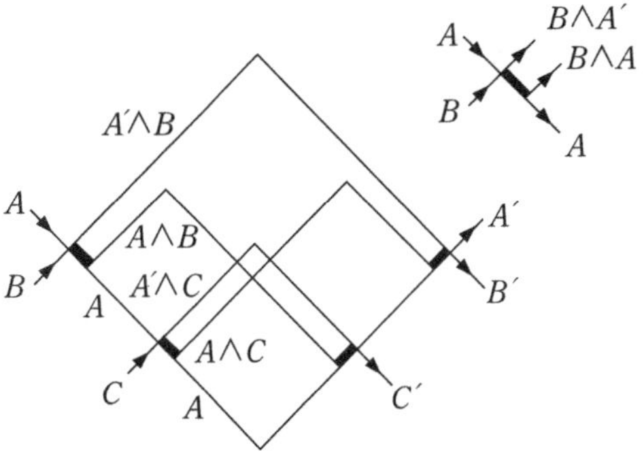

図9　あらゆる計算回路の基礎になるフレトキン・ゲート

だが、僕がこの風変わりなビリヤード型コンピューターをご紹介しているのは、別に、これで読者に計算をやっていただくためではない。

いったい、なにをやっているのか？

実は、ビリヤードで計算をする利点は、それが可逆であることが直観的に理解できることにある。

え？　どうして？

だって、玉が衝突しているだけなのだから、出口から玉を戻してやれば、ちゃんと入り口からでてくるでしょう。

つまり、ビリヤード型コンピューターは、計算を逆にたどって入力を復元することができるという意味で、「可逆」なのである。

あたりまえだ。この特殊な「計算機」につかわれているのは、誰でも知っている力学の法則だけなのだから。

あ、注意するのを忘れていました。玉どうし、あるいは鏡との衝突は、「弾性散乱」なのです。最初に書くべきであった。玉や鏡がやわらかくて「グシャッ」と潰れてしまうような場合は、当然、可逆でなくなる。大前提として、「カチッ」と気持ちのよい衝突が起きて、運動量もエネルギーも保存されることをお忘れなく。

とにかく、このコンピューター、可逆計算が可能なことを示す、恰好の例になっている。

最初に玉を「突く」ときにはエネルギーを与えてやらねばならないが、そのエネルギーは、計算が終わったら完全に回収することができる。弾性散乱しか起きないのだから、どこにもエネルギー損失はない。

ということは、やはり、まったくエネルギー損失なしに「計算」をおこなうことは可能なのだ。

玉を「電子」と読み替えていただければ、少なくとも原理的には、いくらでも計算にともなうエネルギー損失を少なくすることが可能なことがご理解いただけるであろう。

注:「原理的」というのは、もちろん、損失をいくらでも小さくできる、という意味であり、実際のエンジニアリングの問題とは異なる。ここでやっているのは、たとえば、「永

久機関は不可能だ」というような意味での「物理的限界」を調べておけば、その限界を超えるような発明に無駄な努力をつぎ込む必要がなくなるだろう、というようなことなのだ。それで、このビリヤード型コンピューターを実地に組み立てるとなると、すぐに問題が生じることも事実だ。なぜならば、ビリヤードをやったことのある人なら誰でも知っているように、ほんのわずかな誤差が、とんでもない結果につながるからである。誤差が増幅されるので、残念ながら長い「計算」は滅茶苦茶になってしまう。

§エントロピーを直観的に理解する

原理的にではあるが、可逆な計算というのがありうるのだということを直観的にご理解いただけただろうか？

それでは、次に、もう少し熱の話に近づいて、「エントロピー」という概念を直観的に把握してみよう。

僕が「エントロピー」という言葉に初めて出会ったのは、果たして熱力学の授業であったのか、それとも経済学者が新聞かなにかに書いていたのか、記憶が定かでない。ひとつだけたしかなことは、一時期、経済学者や社会学者や環境学者たちのあいだで、この言葉が流行語のようになって、文化人や作家といわれる人たちまでもが、こぞって「エントロピー」の大合唱をしていたことだ。

だが、物理学を勉強していた当時の僕の耳には、物理学者以外の人々がつかっている「エントロピー」と授業にでてくる「エントロピー」が、奇妙な違和感とともに、まっ

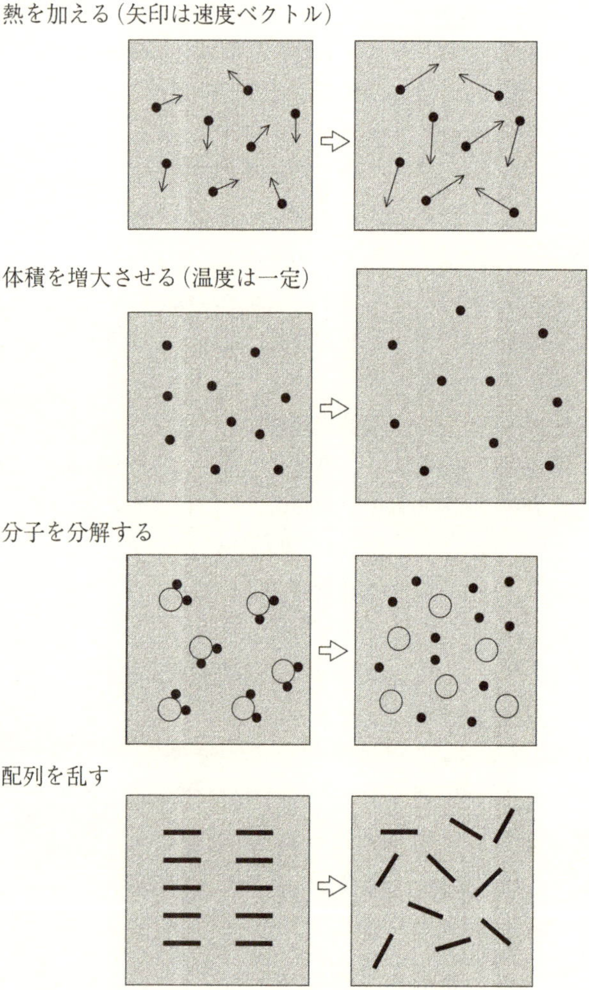

図10　エントロピーが増大する変化
渡辺啓『エントロピーから化学ポテンシャルまで』より

たく別の言葉として響いていた。

便利な言葉が人口に膾炙《かいしゃ》していくうちに、いつのまにか拡張解釈がおこなわれて、いわば比喩的につかわれてしまう。

アメリカの軍艦の水兵が生まれて初めてイタリアに寄港したとき、街に出て、

「おい、凄いぜ、イタリアにもピザがあるぜ」

と、驚いたというジョークがあるが、熱力学から生まれ出たエントロピーという言葉も、独り歩きをはじめて、いつのまにやら本家がどこかわからなくなってしまったのかもしれない。

それで、物理学のエントロピーである。

図にエントロピーが小さい情況と大きい情況をならべてみた。しばしご鑑賞あれ。（**図10**）

いかがだろう？

すぐに感じられるのは、どうやら、エントロピーが小さい情況では、秩序が保たれているのに対して、エントロピーが大きくなると、バラバラで乱雑になってしまう、ということ。少なくとも直観的には、そのようにみえる。

実際、数式をつかってエントロピーを計算してみると、次のような場合にエントロピーが大きくなることがわかっている。

温度が上がる
熱を吸収する相転移

体積が増える

たとえば、気温が上昇すると空気の分子が動く速度が上がるし、氷が水になると相転移をおこして固体から液体になる。これは、たしかに、秩序がこわされてバラバラになるように思われる。温度がそのままなのに体積が膨張する場合も同じだ。

さて、熱力学も統計力学も知らない人が、この直観的なエントロピーの「感じ」を言葉で表現しようとして、一連の現象に共通する「何か」を探し始めたとしよう。

読者の多くは、すでにエントロピーの熱力学的または統計力学的な定義を知っているだろうから、いまさら知らないフリをするのもつらいかもしれないが、素人が考えてみても、どうやら、

エントロピーは「熱」の流入と関係している

ということがわかりそうではないか？

だって、熱が入ってくると温度が上がるし、熱を加えると氷は水になり、水は水蒸気になるし、熱を加えつつ温度を一定に保とうとすれば体積は膨張する。

どうせ、あとで数式がでてくるので、エントロピーをS、熱をQというアルファベットであらわすことにすると、

SはQと関係している

と書くことができる。

うん、なんとなく、エントロピーの正体がみえてきた。

シュレ猫談義

エルヴィン「隊長に問題です」

隊長「ぶぶぶ、問題を出されるなど、実に 50 年ぶりのことじゃ」

エルヴィン「生涯学習の時代ですから」

隊長「出してよし」

エルヴィン「図 11 のようにアルゴンとヘリウムが左右に分けられた箱があります」

隊長「ふむ」

エルヴィン「ふたつの気体を分けている仕切りを取り払うとエントロピーはどうなるでしょう？」

隊長「うーむ（黙ったまま、考え込む）」

竹内薫「（小声でエルヴィンに）おい、ロダンの彫像みたいになっちまったぞ」

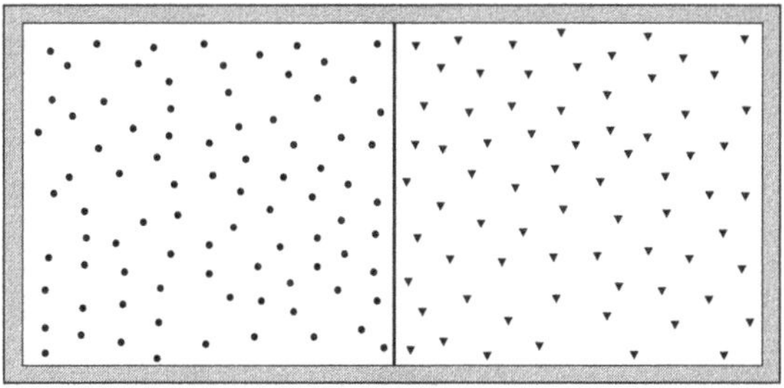

図11　ヘリウムとアルゴンが混合するとエントロピーは？

§エントロピーの数式

この本はエントロピーの計算指南書ではないので、あまり具体例はでてこないが、ここで理想気体のエントロピーの数式を書いておこう。やたら数式をつかうつもりはないが、絵をみているだけでは決してわからないことが数式をつかうと瞬時に理解できることがある。

まあ、騙されたと思って、しばし、おつきあい願いたい。

理想気体のエントロピーSは、「粒子数N」と「体積V」と「内部エネルギーU」に依存する。それで、いきなりの天下り式で恐縮だが

$$S \approx Nk \ln V + \frac{3}{2} Nk \ln U$$

が理想気体のエントロピーだ。

これはサッカー－テトロード（Sackur-Tetrode）の式と呼ばれていて、近似式だが、きわめて応用範囲が広くて有名な式である。熱力学の教科書には必ずでている。この式がでていない教科書はもぐりだといってもいい。（あ、つい言い過ぎました。取り消します）

イコールの代わりに波線をつかったが、「おおよそ」とか「近似」という意味である。実をいえば、もともとのサッカー－テトロードの式は、見た目が複雑で、恐れをなす読者がいるといけないので、付録に封じ込めてある。

記号の説明が必要だ。

k はボルツマン定数といわれるもので、数値を書いておくと

$$k = 1.381 \times 10^{-23}\ \frac{\mathrm{J}}{\mathrm{K}}$$

である。「10のマイナス23乗」というのは、「10の23乗分の1」のこと。この定数の次元は、エネルギーの単位のジュールを温度のケルヴィンで割ったものだ。

それから、「ln」は「ログ」で対数という関数（ふつうは「log」と書く）。対数というのは、実に応用範囲の広い関数です。（すぐに、対数の公式について、ちょっと解説いたします）

サッカー－テトロードの式を見て、まず、頭に入れておくべきことは、全体が「Nk」に比例していることだ。k は単なる物理定数なので、これは、

理想気体のエントロピーは粒子数に比例する

ということ。

次に、体積 V と内部エネルギー U に関しては、単なる比例ではなく、対数の恰好をしている。だから、

理想気体のエントロピーは体積と内部エネルギーの「対数」に比例する

ということができる。
あ、それで、順番が逆になったが、理想気体の式というのは

$$PV = NkT$$

なのであった。これは、物理ファンでなくても知っているはず。Pは圧力で、Tは温度である。

シュレ猫談義

隊長「あいすまんが」
竹内薫「はぁ？　これからというところなのに」
隊長「おまえは質問を封ずるのか」
竹内薫「ぐぐ」
エルヴィン「まあ、まあ、お手柔らかに。どのようなご質問で？」
隊長「なんで、PとかNとか、わけのわからない記号ばかりでてくるんじゃ？」
エルヴィン「イギリス人やアメリカ人には、わけがわかる記号なのです」
隊長「つまり？」
エルヴィン「全部、英語の頭文字をとったものだからです。

N: Number（数）
V: Volume（体積）

P: *Pressure*（圧力）

T: *Temperature*（温度）

てなぐあいに」

隊長「ぶぶぶ、もしかして、物理学の略記号は、すべて、英語を話す国民にわかりやすくできておるのか？」

竹内薫「そうですよ」

エルヴィン「まあ、内部エネルギーもエントロピーも定数 k も英語の頭文字そのままではありませんから、すべて、というわけではありませんが……」

隊長「なんか日本人って損じゃのう」

エルヴィン「ですね」

隊長「対数の基本公式を忘れた」

エルヴィン「とりあえずは

$$\ln(a \times b) = \ln a + \ln b$$

という具合に、かけ算は足し算になるということと

$$\ln(a^b) = b\ln a$$

と、累乗が前にでるということを覚えておいてください」

亜希子「割り算は？」

エルヴィン「ふたつの公式の応用ですね。

$$\ln(a \div b) = \ln(a \times b^{-1}) = \ln a + \ln b^{-1} = \ln a - \ln b$$

となります」

隊長「bが3/2乗というのは？」

エルヴィン「あ、失礼しました。これは、平方根の3乗なので

$$(\sqrt{})^3$$

という記号と同じ意味です」

隊長「bのマイナス1乗というのは

$$\frac{1}{b}$$

のことじゃな？」

エルヴィン「そうです」

§エントロピーを数式的に理解する

あいててて。

よけいな会話が入ってゴメン。

続きをやろう。

もう一度公式を書いておくと

$$S \approx Nk\ln V + \frac{3}{2}Nk\ln U$$

である。

対数について、もうちょっと解説しておきます。

そもそも、対数というのは小さい。たとえば、1000000と ln1000000を比べてみよう。「100万」と「100万の対数」。100万のほうはそのままなので、計算器で100万の対数をとってみると——

13.8155

そうなのです。100万の対数は、たったの14弱なのである。なぜかといえば、対数というのは、もともと「桁」をみるような関数だからである。100万はゼロが6個ついているから6桁であって14桁ではない、といわれるかもしれないが、それは、自然対数をつかっているからであって、底《てい》が10の常用対数というのをつかえば

$$\log_{10}10^6 = 6$$

なので、まさに桁をみるために存在する関数であることがわかる。

というわけで、サッカー－テトロードの式は、粒子数のNが、「何か」の桁にかかっている恰好をしているわけ。そ

れが何であるかは、もう少しあとの「3枚のコインの熱力学」のところにでてきます。
それで、ここでは、さらりと先に進むことにする。

あれこれ考えるとわけがわからなくなるので、体積だけに注目してみよう。粒子数とエネルギーが一定の場合である。

気体の体積だけが変わる場合、最初の体積をV_i、最終的な体積をV_fと書くと、エントロピーの変化ΔSは簡単になって

$$\Delta S = Nk \ln V_f - Nk \ln V_i = Nk \ln \frac{V_f}{V_i}$$

となる。ここで、添え字のiは「最初」という意味の initial、添え字のfは「最後」という意味の final の頭文字をとったもの。（隊長、ため息をつく）
2つばかり、図をご覧いただきたい。（**図12**）

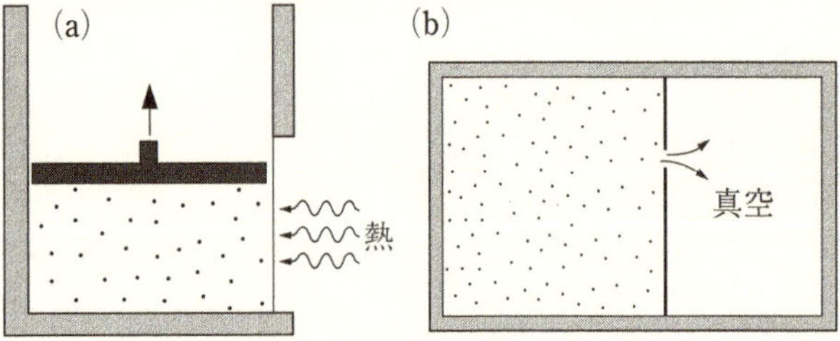

図12　(a)等温膨張と(b)自由膨張
図12～14　D. V. Schroeder『Thermal Physics』より一部改変

最初のもの (a) は、気体がピストンを押しているが、外部から適量の熱を加えてやって、温度（内部エネルギー）を一定に保っている。当然、粒子数も一定。これを「等温膨張」と呼ぶ。

次のもの (b) は、ピストンの代わりに壁に穴があいていて、真空の空間に気体が勝手に拡がる。この場合、ピストンはないので、気体は仕事をしていないし、外から熱も加えないので、内部エネルギーは一定のままである。また、粒子数も一定。これを「自由膨張」と呼ぶ。

このふたつの場合は、なんだか、大きくちがうような気がするが、エントロピーの増え方に関しては、まったく同じだ。単に最初の体積と最後の体積さえわかれば計算することができるのだから。

うん？　ということは、等温膨張のほうは、まえにでてきた「エントロピーは熱の流入と関係している」という直観と合うが、自由膨張のほうは、熱の出入りがないのだから、直観に反する!?

そろそろ、頭に霞がかかってしまった読者もおられるのでは？

ご安心めされ。その苛立ちは、この本を読み進めるにしたがって必ずや解消されることであろう。それが僕の仕事である。

というわけで、追い討ちをかけるようで申し訳ないのだが、さきほど隊長がロダンの彫像になってしまった情況を計算によってたしかめてみたい。

もう一度、図11でご確認あれ。

よろしいですか？

箱の半分にアルゴン、もう半分にヘリウムの気体を入れておく。ただし、アルゴンもヘリウムも同じ条件とする。つまり、エネルギー、体積、粒子数を同じにしておく。

それで、真ん中の仕切りを取ってみる。

颯《さつ》と抜いてみる。

何気なく取り払う。

そこで問題です。

問題　アルゴンとヘリウムを混ぜるとエントロピーはどうなるか？

答え　アルゴンは仕切りがなくなると全体に拡がって体積が2倍になる。つまり、$V_f = 2V_i$である。だから、アルゴンのエントロピー変化は

$$\Delta S = Nk \ln 2$$

となる。簡単だ。

次にヘリウムであるが、やはり、仕切りがなくなると体積が2倍に拡がる。だから、ヘリウムのエントロピー変化も

$$\Delta S = Nk \ln 2$$

になる。

それで、全体のエントロピー変化は、この２つを足せばいいので、結局

$$\varDelta S = 2Nk \ln 2$$

になる。

まあ、とにかく、

２種類の気体を混ぜるとエントロピーが増える

ということです。これを「混合のエントロピー」と呼ぶ。熱力学を勉強しはじめると必ずでてくる有名な話題なのだが、授業のうまい先生だと、学生をアッと驚かすことができる。

問題　それでは、アルゴンとアルゴンを混ぜるとエントロピーはどうなるか？

答え　変わらない。増えない。

驚きました？

いや、答えを知っている人は、白けてしまったかもしれない。

だが、初めて聞いた人は、大いに驚いていただきたい。

なにしろ、混合のエントロピーを勉強した直後に、

同じ種類の気体を混ぜてもエントロピーは増えない

という結果がでてきたのであるから。

仕切りの右と左のアルゴンは同条件だったので、2種類の気体のときとちがって、仕切りを取っ払っても、なにも起きないのである。

これは、直観的にもわかるはずだ。

同じ条件の同じ気体が入っているだけなのだから、中仕切りなんて、あってもなくても変わりゃしない。

左のアルゴンも右のアルゴンも体積は変わらず、そのまま。だから、$V_f = V_i$となって、エントロピー変化はゼロになる。

それで、頭が痛くなってきた読者のために、ちょっと直観的な標語を鎮痛剤がわりに処方してみたい。

標語　エントロピーは「取り返しのつかない」ことをやると増えるらしい

いかがだろう？

これは、前にでてきた「エントロピーは熱の流入と関係している」だけでなく、自由膨張や混合のエントロピーの場合にもあてはまるような気がしませんか？

シュレ猫談義

隊長「アルゴンとヘリウムを混ぜたらエントロピーが増えるのに、アルゴンとアルゴンを混ぜたら増えないなんて詐欺みたいじゃ」

亜希子「たしかに納得いかないわね」

竹内薫「（サディスティックな笑みを浮かべながら）ふ、トリヴィアルすぎる質問だね」

隊長「…………」

亜希子「…………」

エルヴィン「あ、それでは、吾輩がご説明申し上げましょう」

隊長「頼む」

エルヴィン「アルゴンとヘリウムの場合、いったん混ざってから仕切りを入れ直しても手遅れですよね？」

上野シン「いったん混ざったら元には戻らない？」

エルヴィン「そうです。ですが、アルゴンとアルゴンの場合、仕切りを取っ払らって、しばらくしてから、もう一度、仕切りを入れたら、元の状態に戻るでしょう？」

隊長「たしかに、なにもしないのと同じじゃな」

亜希子「少なくとも区別はつかないわ」

エルヴィン「ですから、２種類の気体を混ぜると、もはや分離できなくなって、なにか取り返しのつかないことが起きたのに対して、同じ種類の気体を混ぜても……いわば、最初から混ざっているようなものなので、取り返しがつくという――」

亜希子「じゃあ、『混合のエントロピー』というのは、正確には、『異種気体の混合のエントロピー』という意味なのね？」

エルヴィン「仰せのとおりでございます」

隊長「それで、なぜ、アルゴンとヘリウムなんじゃ？　酸素と水素とかじゃだめなのか？」

竹内薫「ふ、別に紅茶に水を混ぜてもいいんだけどね（そっぽを向いてごまかす）」

エルヴィン「あ……原子にもいろいろありまして……とりあえず、アルゴンとかヘリウムは、単原子気体と申しまして、扱い方が単純なのです。それと、酸素は場合によっては化学反応を起こして燃えることもありますから、あまり、やみくもに混ぜないほうがよろしいかと」

竹内薫「（エルヴィンに耳打ちする）実は、学生時代、化学が赤点だったんだ。ありがとよ」

エルヴィン「（竹内薫に耳打ちする）貸しがひとつできました」

竹内薫「ぷぷぷ」

§理想気体のエネルギー

ちょっと理想気体の意味を確認しておこう。

理想気体というのは、ニュートン力学にしたがって弾性散乱をする小さな剛球がたくさんある状態だといえる。

図をご覧いただきたい。（**図13**）

シリンダーの中にN個の剛球が入っていて、動きまわっ

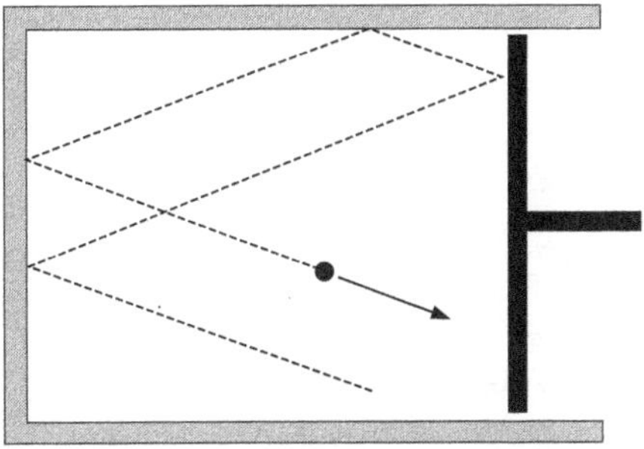

図13　ピストンを押す理想気体

ている。剛球どうしも衝突するが、剛球はシリンダーの壁やピストンにもぶつかる。ピストンにぶつかると「圧力」があることになって、その結果、外気圧との兼ね合いで、ピストンは左右に動く。

さて、単原子理想気体の内部エネルギーは

$$U=\frac{3}{2}NkT$$

という恰好をしている。

この関係は、理想気体の内部エネルギーが「箱」の中の粒子数Nと温度Tに比例することをいっている。箱に穴があいていないときは、粒子数は一定だから、

内部エネルギーは温度に比例する

のである。つまり、理想気体の内部エネルギーは、温度だ

けで決まるのだといってよい。これは、かなり重要なポイントだ。

ここまで、何気なく「内部エネルギー」という言葉をつかってきた。だが、よくよく考えてみると、いったい、何の「内部」なのか？

たとえば、理想気体を箱に入れて、それごとトラックの荷台に載せて阪神高速道路を爆走する。すると、箱の中の理想気体は、全体として運動エネルギーをもつことになる。このエネルギーを無視することはできない。エネルギーは確実に存在する。だが、熱力学では、こういった全体のエネルギーは考えない。あくまでも箱の「内部」のエネルギーに着目して理論を構成するのだ。

あるいは、理想気体が入った箱を平地から富士山のてっぺんまで運んだとしよう。すると、当然のことながら、箱全体として、富士山の高さのぶんだけ位置エネルギーが増えることになる。だが、熱力学では、このような全体の位置エネルギーも無視する。あくまでも箱の「内部」のエネルギーだけに注目する。

なぜか？

いや、別に全体の運動エネルギーや位置エネルギーを考えてもかまわないが、熱という現象に注目するかぎり、そういう全体の話は関係がないから、理論を構築するときには除いて考えるのだ。

実をいえば、ある範囲にだけ注目して理論をつくったり適用したりするのは、物理学の常道です。古典力学でビリヤードの玉の動きを論ずるときは、ビリヤードの玉の分子構造や分子間力や原子や素粒子の理論は無視して「剛球」としてあつかうではありませんか。あるいは、地球が太陽のまわりを廻っているというとき、実は、その太陽が天の川銀河の中で大きな旋回運動をしていて、その天の川銀河はアンドロメダ銀河と重力的に引き合っていて、そういった多数の銀河が銀河団の中で運動していて……といったことは無視する。

とにかく、熱力学では、「熱」と直接関係のある「内部」エネルギーだけに着目するのです。

シュレ猫談義

隊長「質問じゃ」

エルヴィン「なんなりと」

隊長「剛球というのは堅い玉のことかの？」

エルヴィン「は、仰せのとおりで」

隊長「すると、ビリヤード球も剛球じゃな？」

エルヴィン「近似的にはそうなります」

隊長「じゃとすると、前にでてきたビリヤード型コンピューターは、理想気体と同じに思われるが」

竹内薫「……（一瞬、顔をそむける）」

亜希子「そうよね、なんか変だわ」

竹内薫「（ぎこちなく）ど、どこが変だというのですか」

上野シン「先生、たしかに変ですよ、だって、ビリヤード型コンピューターは、理想気体なんですか？」

竹内薫「エルヴィン、やれ」

エルヴィン「うー、これは、吾輩も困りました……問題は、気体になると、粒子数 N が大きくなって、平均値をみるよりしかたなくなるということで、だからこそ、熱力学が必要なのです。ただし、ビリヤード型のコンピューターにも重大な欠陥があります」

亜希子「欠陥？」

エルヴィン「そうです。完全な球であっても、ぶつける際の小さな誤差がまったくちがう結果を生む可能性があるからです。言い換えると、誤差が増幅されやすいので、長く計算を続けていると、しまいには、まったく結果が予測できなくなってしまうのです」

隊長「ふむ、なにかおかしいと睨《にら》んでおったのじゃ」

エルヴィン「ですから、ビリヤード型コンピューターは、あくまでも、思考実験の領域にとどまるかと――」

竹内薫「球だと跳ね返る角度の誤差が大きいけれど、サイコロのような立方体ならば、誤差の蓄積は少ない」

隊長「じゃあ、どうして、最初からビリヤードではなくサイコロにしないのか」

竹内薫「大きな分子だと必然的に剛体でなくなる。だから、サイコロのような巨大な物質は実用的でない。やはり、丸いという近似が当てはまるような分子でないと」

亜希子「ビリヤード型コンピューターは、思考実験の範囲内においても、計算を続けていくうちに、誤差が大きくなって、予測が不可能になるわけね」

第1章　マックスウェルの悪魔21

竹内薫「個々のボールの状態がわからなくなるから、まさに、熱力学になっちゃうんだ」

亜希子「隊長も、たまには鋭い指摘するんだア」

隊長「禁酒させられて、ここんところ、しらふじゃからな」

§熱力学第一法則と d の謎

熱力学には3つの法則がある。

第一法則は、エネルギー保存の法則である。無からエネルギーは生まれない。

第二法則は、エントロピー増大の法則である。熱は100%仕事には戻せない。

第三法則は、絶対零度でエントロピーはゼロになる、という、エントロピーの目盛りの原点のお話だ。

このうち、熱力学を理解するためには、第二法則だけを徹底的に勉強すればいい、というのが僕の意見である。もちろん、全部、ちゃんとやるに越したことはないのだが、専門家になる人以外は、それなりに効率よく勉強を進めなくてはいけない。その場合、漫然とやってもだめで、やはり、どこかにポイントをおかないと。

とにかく、熱力学がわかりたければ、まず、エントロピーを理解することである。

それがわかったら、もっと細かい点に気を配ればいい。

といいつつ、第一法則である。

無からエネルギーは生まれない、というのは歴史的には永久機関の研究と挫折という面白い話題にはちがいないが、そういう本は名著がたくさんあるので、この本では触れません。

それで、第一法則のポイントなのだが、図をご覧いただきたい。(図14)

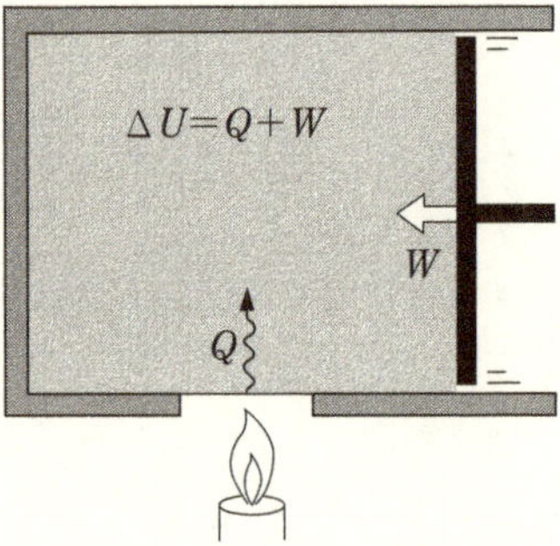

図14　内部エネルギーUは入ってくる熱Qと仕事Wで決まる

$$\Delta U = Q + W$$

内部エネルギーUの変化は、入ってくる熱Qと仕事Wで決まる。

意外と簡単ですね。

だが、簡単なものほど奥が深い場合もある。

この式にしても、よくよくみると、気になることがありませんか？

右辺と左辺で、なにかちがう気がしませんか？

隊長「左辺には三角形がついているが右辺にはない」

ご名答！

そうなのです。内部エネルギーUの前にはΔ（デルタ）がついているけれど、右辺の熱Qと仕事Wの前にはなにもついていない。Δは「変化」を意味する。

物理学は厳密な学問なので、こういうところはしっかりと理解しておかないと、あとあと大変なことになる。

熱力学の第一法則は、「内部エネルギーの変化」が、流入してくる熱と仕事できまる、ということなのである。言い換えると、外から入ってきた熱と仕事は、気体内部にエネルギーとして蓄えられるのである。内部エネルギーの増減が外部との熱や仕事のやりとりで決まる、という収支勘定をあらわしているのだ。

それで、気体は内部にエネルギーを貯め込むことはできるが、熱や仕事を内部にもつことはできない。

え？　でも、熱力学の第一法則は、左辺と右辺が同じだといっているのだから、内部エネルギーと同じように気体は熱や仕事をもってもいいのではあるまいか？　素朴な疑問が脳裏をよぎる。

日常用語では「仕事がある」とか「熱がある」などというので、なんだか、仕事や熱はもつことができるモノのようなイメージが強い。だが、熱力学における「仕事」や「熱」は、それとはちがって、物体が所有することのできない何かなのだ。

わかりやすい例として、「位置エネルギー」と「仕事」について考えてみよう。

物体になんらかの仕事をして、その結果、物体が回転したり動いたりして、最終的に５メートルの高さまで上がったとする。すると、最初の位置とくらべて、その物体の位置エネルギーは、mgh という公式に物体の重さ m と高さ h（５メートル！）を代入したぶんだけ増える。あたりまえだ。高くなったぶんだけ、位置エネルギーが増えたのである。だから、位置エネルギーは、あきらかに物体が所有することのできる量であり、（高さ５メートルという）状態によって決まるため、「状態量」と呼んでいる。位置エネルギーは、最初と最後の状態さえわかれば決まる量であり、途中の過程には依存しない。

ところが、仕事は、途中、その物体をどのような経路によって、どうやって運んだかによってちがってくるから、最初と最後の状態だけでは決まらない。その意味で、仕事は、過程に依存する量であり、状態量ではないのだ。過程が大事であり、物体の状態と直接の関係がないというのは、いいかえると、物体が所有している量ではない、ということだ。

状態量は、「今の状態」という意味で、過去の経緯を気にせずにすむ。物体の今の温度が30℃なら、物体は、そういう状態にあるのだ。

だが、熱や仕事は、物体の「今の状態」ではない。あえていうならば、熱や仕事は「過去の経緯」という感じか。熱も仕事と同じで、過程に依存する量であって、状態量ではない。だから、物体は、熱を所有することはできない。

- **内部エネルギーは状態量であり、物体が所有することが可能**
- **熱と仕事は状態量ではなく、物体が所有することはできない**

とりあえず、これが正しい理解なのだが、まだ、なんだか腑に落ちない。なぜならば、こんな疑問が心の中で頭をもたげるからだ。

「熱力学の第一法則の左辺は物体が所有することができる量なのに、右辺は物体が所有できない量ということになるのだろうか？」

かなり、気持ち悪いゾ。

もうちょっと考えてみよう。

さて、熱力学を勉強しはじめて、初学者が最初に躓《つまず》くのが、次のような表記である。

$$dU = d'Q + d'W$$

左辺の d は、⊿と同じだと考えてくださって結構だ。右辺の d' は、教科書によっては、横棒が刺さった đ の場合もある。あるいは、d' の代わりに δ をつかう場合もある。

なぜ、左辺は「d」なのに右辺は「d'」なのだろうか？

実は、これこそが、今、考えている「状態量」とか「物体が所有できる量か否か」という問題そのものなのである。

それで、必ずといっていいほど、脚注がついていて、「d'は完全微分でない」などと、ムズカシイことが書いてあるのだ。

それで、微分と積分がわかっている人には説明はいらないだろうが、そういう人は、そもそも、この本から学ぶこともあまりないにちがいない。(エンタテインメントとして読んでくれている人はいるかもしれないが) 微分くらいわかるゾ、という方は、ここで付録をご覧ください。少々、説明がしてあります。

以下、万人のための直感的な説明をしてみます。微分とか積分を知らなくても大丈夫。こんな具合にイメージで理解してください。

d は無限小の「変化」をあらわす
d' は単なる無限小をあらわす

つまり、dU というのは、内部エネルギーが無限に小さく「変化」することを意味するのである。無限小の熱や仕事によって。

でも、その際に出入りする無限小の熱や仕事は、単に無限小なだけであって、無限小の変化をあらわすわけではない。

うん?

いいですか?

無限小の熱が入ってくるのであって、無限小の熱の「変化」が入ってくるのではない。無限小の仕事が入ってくるのであって、無限小の仕事の「変化」が入ってくるのではない。

それだけのことだ。

くりかえすが、もっとちゃんと数学的にわかりたい人は、巻末の付録をご覧ください。

それでは、そんな気持ち悪い書き方はやめて、無限に小さい「変化」だけで書くことはできないのかと訊かれれば、答えは、イエスである。

こうやる。

$$dU = TdS - PdV$$

つまり、無限小の熱は、温度TにエントロピーSの無限小の「変化」をかけたものだし、無限小の仕事は、圧力Pに体積Vの無限小の「変化」をかけたものになるのだ。ただし、この体積は気体の体積を意味する。体積が増えてピストンが外に動いて仕事をすると内部エネルギーは減ってしまうので、マイナス符号がついている。

ここで、いきなり熱Qが温度TとエントロピーSのかけ算になってしまって、面食らった人がいるかもしれない。あまり歴史的な経緯を説明していないし、かといって、演繹的に厳密にやってもいないので恐縮なのだが、

「圧力をかけて体積を変化させると仕事になる」

のと同じように、

「ある温度でエントロピーが変化すると熱なのだ」

と、アナロジーで理解してください。

さて、熱力学では、熱を加えない場合とか仕事を加えない場合など、いろいろなパターンを考察するのだが、どうしても押さえておかないといけないのが、「断熱」過程と「等温」過程である。

断熱過程は、その名のとおり、熱の出入りをシャットアウトした場合で、ようするに気体の容器のまわりを断熱材でくるんだのだと考えてください。この場合、内部エネルギーの増減は、仕事だけによって決まる。

等温過程は、その名のとおり、温度を一定に保つ場合で、ようするに、気体が外から仕事をされて温度が上がったら、そのぶん、熱を外部に放出して、温度を一定にしてやるし、逆に、外に仕事をして温度が下がったら、そのぶん、外から熱を加えて、温度が変化しないようにする。これは、ようするに、気体が入っている容器を工夫して熱を伝えやすい材質にして、常に外部と同じ温度に保つのである。もちろん、外部の温度が変化してはだめなので、外部は、容器との熱のやりとりで温度が変わらないほど広いのだと仮定する。そういう「びくともしない外部」のことを「熱浴」と呼ぶ。

周囲を断熱材でくるまなくても、えいやっと速くやってしまえば、熱が周囲から入ってきたり出ていったりする暇がないので、断熱過程になる。

それとは逆に、じわじわとゆっくり（ピストンなどを）動かせば、周囲と同じ温度になるだけの暇があるから、等温過程になる。

断熱過程は速く、等温過程は遅いというのも具体的なイメージを抱くひとつの方法である。

断熱過程のイメージ＝ピストンを速く動かす
等温過程のイメージ＝ピストンをゆっくり動かす

シュレ猫談義

隊長「仕事というのはいったい誰がするんじゃ？」

竹内薫「外から僕がピストンを押したり引いたりしてもいいし、容器をライターであぶって、気体を膨張させて勝手にピストンを押し出させてもいいですね」

亜希子「仕事って、気体の体積変化だけ？」

エルヴィン「グッド・クエスチョン！　実は、ほかにもたくさんあります。たとえば、容器に穴があいていて、気体そのものが出たり入ったりできる場合、気体の粒子数が変化するので、第一法則は、こんな恰好になります。

$$dU = TdS - PdV + \mu dN$$

　　↑　　　↑　　　↑
　　熱　　仕事　これも仕事

ここでNは粒子数で、ギリシャ語のμ（ミュー）は化学ポテンシャルと呼ばれております」

上野シン「なにそれ」

エルヴィン「ポテンシャルが高いほうから低いほうへ粒子が移動するのです」

亜希子「これ以外の仕事は？」

エルヴィン「実は、いくらでもあります。たとえば、粒子が荷電粒子の場合なら、電気的なポテンシャル……たとえば電池のボルト数を思い浮かべてください……そういうポテンシャル Φ の中を電荷 q が動く場合

$$dU = TdS - PdV + \mu dN + \Phi dq$$

になります。あるいは、ゴムひもの張力を σ、長さを L と書くと

$$dU = TdS - PdV + \mu dN + \Phi dq + \sigma dL$$

となります。あるいは——」

隊長「あ、もう、ええ。そうやって、いくらでも『仕事』に種類があることが完璧に理解できた」

§熱力学第二法則とシェークスピア

次に、熱力学第二法則である。

以前、大学で文科系のクラスに科学を教えていたとき、僕は、しばしば「二つの文化」について語っていた。いまどきの大学生にどこまで通じていたか心許《こころもと》ないが、僕が黒板に引用していたのは、C・P・スノーという人の次のような文章だった。

「君は読むことができるか」

なんて失礼な！　いまどき、現代日本において、読み書きソロバンができない奴がいるのか？　そう思われるかもしれない。学生もきょとんとした顔をしていたっけ。

実は、これと並んで、僕は黒板に、

「質量、加速度とは何か」

とも書いた。これもスノーの本にでているのだが。

なんだか、禅問答みたいだが、最初の質問は、文系の人向けのものであり、あとの質問は理系向けとお考えいただきたい。

タネを明かすと、このふたつの質問、おのおのの分野で同等のレベルにある。

え？　いったい、どういうことなのか？

もちろん、スノーは、相手にショックを与えようとして、あえて、こんな質問を並べているわけだが、まんざら、笑って済ますわけにもいかない。なぜなら、文系の友人をつかまえて、いきなり加速度の定義を尋ねたら、わからない人がいるかもしれないからだ。とても笑い事じゃない。それで、もし、その友人が加速度の定義を答えられなかったら、それは、字が読めない科学者と同じような情況にあるというわけ。だって、同レベルの質問なんだから。

さて、質量と加速度は初歩の初歩ということで、先に進もう。

次なる質問は——

「あなたはシェークスピアのものを何か読んだことがあるか」

うーむ、日本人だといまひとつピンと来ないかもしれないので、ちょっとアレンジしてみましょう。

「あなたは夏目漱石のものを何か読んだことがあるか」

あるいは、この際、夏目漱石の代わりにご自分の好きな作家の名前を入れてくださっても結構だ。古いところでは紫式部、新しいところでは司馬遼太郎とか宮部みゆきとか？

ようするに国民的な大作家のものを１冊でも読んだことがあるかどうかという質問である。

それで、まったくないとなると、これは、かなり教養に問題があるということになる。別に教養がなくてはいけないという法はないが、ないことが自慢になるわけでもない。

そして、いよいよこの節の核心部であるが、この質問と同等な科学上の質問がどうなるかである。

そうなのです。もうお察しのとおり、その質問は、

「あなたは熱力学の第二法則を説明できますか？」

というものなのだ。

あなたが文科系の友人に「おめえ、ちっとも小説とか読まないな。夏目漱石くらい読めよ」と馬鹿にされたら、すぐに「そういうおまえは熱力学の第二法則を説明できんのか？　同じレベルだぜ」と切り返してください。

いや、半分、冗談ですが。

スノーは、こうやってショッキングな質問を発しながら、理系と文系の教養がかけ離れて「二つの文化」になってしまったことを嘆いている。そして、その原因が、イギリスの悪しき教育制度にあるのだという。1959年のことである。

それから40年後の現代日本をみていて、僕は、かなり懐疑的にならざるをえない。はたして、国民の何パーセントが熱力学第二法則の質問に答えることができるだろうか？　30パーセントか？　20パーセントか？　おそらくNHKの大河ドラマの視聴率や歴代の内閣支持率よりも低いであろう。

スノーは、同僚の文系の教授にこの質問をして、辛辣な批判を展開している。そして、こんなことまで書いている。

「現代の物理学の偉大な体系は進んでいて、西欧のもっとも賢明な人びとの多くは物理学にたいしていわば新石器時代の祖先なみの洞察しかもっていないのである」

おーっと、そんなことといって大丈夫か？　毒舌で鳴らす竹内薫も、さすがにここまで言い切るのは躊躇する。

まあ、スノーの見解に同意するかどうかは別として、熱力学の第二法則がどういう位置づけにあるかだけはわかっていただけたのではあるまいか？

それほど基礎中の基礎の第二法則だが、エントロピーが理解できれば自然にわかるようになる。

というわけで、次節以降、恥をかかないように、もう少しきちんとエントロピーを理解してみよう。

§3枚のコインの熱力学

「泉の3枚のコイン」(Three Coins in the Fountain) という音楽がある。

よく僕がピアノで弾いている曲だ。

1954年の同名の映画（邦題『愛の泉』）のテーマソング。フランク・シナトラの歌のバージョンもある。ちなみに、僕は映画そのものは観たことがないのだが、なぜか曲だけは知っている。

この泉はイタリアのトレヴィの泉なのだそうだ。

それで、次のような情況を考えてみることにしよう。

情況　泉のなかにコインが3枚ある

ただし、泉には噴水があって、水流が激しくなると、この3枚のコインは、ひらひらと水のなかを舞って表になったり裏になったりする。

なにをやっているのかというと、この3枚のコインを熱力学の気体分子にみたてて、いわば「おもちゃの熱力学」をやってみようというわけ。

さて、コインの状態だが、表にすると、次のようになる。

コイン1	コイン2	コイン3
表	表	表
表	表	裏
表	裏	表
表	裏	裏
裏	表	表
裏	表	裏
裏	裏	表
裏	裏	裏

コインの表裏の組み合わせは、全部で８つある。表と裏の２つの場合があり、コインは３枚だから、２の３乗で８というわけである。

これを専門用語（！）でコインの「ミクロの状態」と呼ぶ。微視的な状態。コイン１枚１枚の状態のこと。

次に、僕のように近視で目の悪い人が同じ情況を観察したとする。すると、目が悪くて１枚１枚のコインがちがうことはわからないので、大雑把に、次のような表をつくることになる。

3枚とも表
2枚が表で1枚が裏
1枚が表で2枚が裏
3枚とも裏

なんともいい加減な表だ。本来は8パターンあるはずのコインの裏表が、大雑把に4パターンにされてしまった。

でも、嘘ではない。

これも、それなりにちゃんとした表になっている。

このようなコインの状態を「マクロの状態」と呼ぶ。巨視的な状態ということ。

次に、ミクロの状態とマクロの状態を一緒に並べて書いてみる。こんな具合に。(**表**)

ここで「重複度」というのは、あるマクロの状態に対して「いくつのミクロの状態があるか」を意味する。Ωはギ

マクロの状態	ミクロの状態	重複度Ω	グラフ
3枚とも表	表表表	1	■
2枚が表で1枚が裏	表表裏、表裏表、裏表表	3	■■■
1枚が表で2枚が裏	表裏裏、裏表裏、裏裏表	3	■■■
3枚とも裏	裏裏裏	1	■

表　ミクロの状態とマクロの状態の比較

リシャ文字のオメガである。

ここで問題です。

問題　噴水の流れが急に止まったとき、コインは、どのマクロな状態にあるだろうか？

答え　仮に8つのミクロな状態のどれもが同じ確率で起こるとすると、もっともありそうなのは、「2枚が表で1枚が裏」か「1枚が表で2枚が裏」のどちらかだろう。あくまで確率の問題ではあるが。

この一見くだらないようにみえる考察、実は、すでに、かなり熱力学の第二法則に近づいていたりする。

仮に、最初のマクロの状態が3枚とも表だったとして、時間がたつと、状態は、「2枚が表で1枚が裏」か「1枚が表で2枚が裏」になる確率が高い。

「3枚とも表」とか「3枚とも裏」というのは、どことなく整理整頓されている感じがするが、「2枚が表で1枚が裏」か「1枚が表で2枚が裏」というのは、バラバラで乱雑な感じがする。

ちがいますか？

時間がたつと自然と乱雑さが増す。

ミクロの視点からは、別にどれが乱雑かを問うことは意味がない。

だが、マクロの視点からは、全体として乱雑かどうかを定義することが可能なように思われる。そう、重複度Ωが、まさに、乱雑さの目安になっているのだ。

§100枚のコインにしたら？

さて、どうやら、3枚のコインの熱力学では、重複度Ωなる量が「乱雑さ」の目安だということがわかった。そして、適当に混ぜ合わせているうちに、自然に重複度Ωが大きな状態になる傾向があることがわかった。これは、単純に、その確率が高い、という意味にすぎない。考えようによっては、自然法則でもなんでもない。純粋に数学的な問題である。

重複度Ωが大きな状態というのは、直観的には、乱雑さが大きいということなので、まとめると、

時間とともに乱雑さは増す傾向がある

となる。

これは、物理学をやる場合の常道なのだが、簡単なおもちゃモデルからはじめて、徐々に複雑にしてゆく。そうすると、次第に物理的な本質がみえてくる。

そこで、3枚だったコインを、とりあえず、100枚に増やしてみよう。

いったいどうなるのであろうか。

3枚のとき、

マクロの状態	ミクロの状態	重複度 Ω
2枚が表で1枚が裏	表表裏、表裏表、裏表表	3

の重複度 $\Omega = 3$ は目でみて勘定したわけだが、100枚となると、いちいち数えるのは面倒くさい。そこで、計算方法を考えてみる。全体は100枚なのだから、

マクロの状態	ミクロの状態	重複度 Ω
n 枚が表で $(100-n)$ 枚が裏	……	${}_{100}C_n$

${}_{100}C_n$ というのは組み合わせの記号で、ちゃんと書くと

$$\binom{100}{n} = {}_{100}C_n = \frac{100!}{n!(100-n)!}$$

という公式で計算できる。ビックリマーク（！）は、「階乗」の記号で、たとえば

$$5! = 5 \times 4 \times 3 \times 2 \times 1$$

という具合に、その数から1までをすべてかける、という意味でしたね。

それで、3枚のときと同じように表を書けばいいのだが、計算はやるだけで退屈なので、いきなりグラフだけ描いてみる。（**図15**）

いかがでしょう？

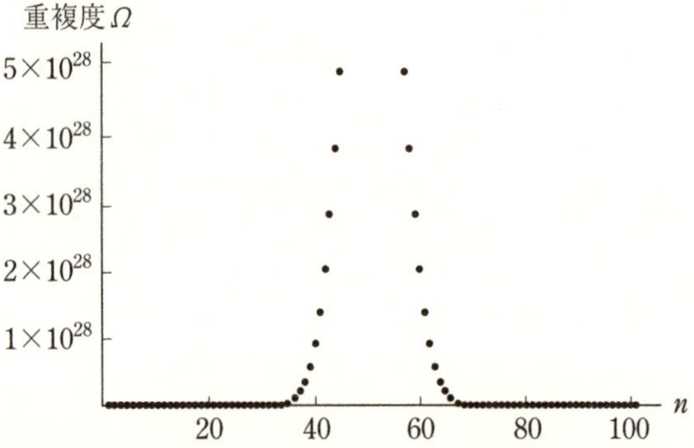

図15　100枚のコインの重複度

あたりまえの話だが、100枚のコインをじゃらじゃらとまぜこぜにして、適当にぶちまけたとき、全部が表とか全部が裏ということはほとんどありえない。たいていは、約半分が表で残りの半分が裏というパターンだろう。いちばん重複度Ωが大きなマクロ状態が実現される確率が高いのである。

それで、枚数を増やしてもなにも変わらないじゃないか、といわれそうだが、ここで、ちょっと不便になったことに気がつく。

それは、重複度Ωの桁数である。

3枚のときは気にならなかったが、100枚になると、重複度Ωは巨大になってしまう。グラフの目盛りからもおわかりかと思うが、数値を書いてみると、たとえば

表　$n = 2$　→　重複度$\Omega = 4950$

表　$n = 9$　→　重複度$\Omega = 1902231808400$

表　$n = 50$　→　重複度Ω = 100891344545564193334812497256

という具合に桁数を勘定しているだけで頭が痛くなってくる。

これは実用的でない。

実際、グラフが大きすぎて、細部までは、本に入りきらない。

そこで、こうやって急激に数が大きくなってしまう場合に登場する数学的な道具が「対数」なのである。対数というのは、前にもいったが、数が大きくて収拾がつかないときに、その数そのものではなく、「桁」だけをみるような数学的技法なのだ。

重複度Ωは数が大きすぎてグラフにするのが大変だが、その対数ならば、ちゃんと本の紙面に納まる大きさになる。(**図16**)

重複度Ωは乱雑さだといったが、その対数をとったも

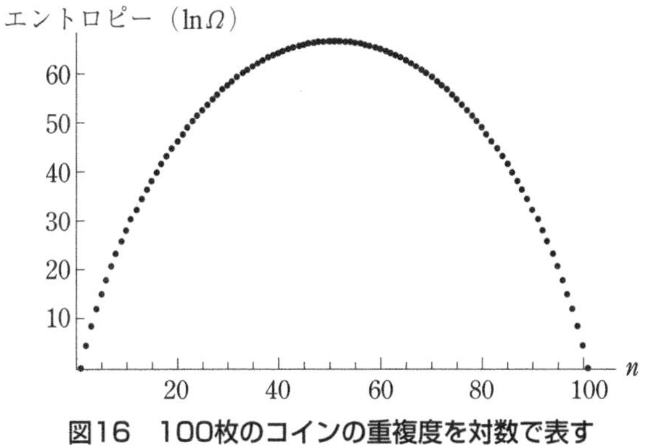

図16　100枚のコインの重複度を対数で表す

のは、乱雑さの「桁」ということになる。とはいえ、桁をみるだけでも、乱雑さはわかるから、あらためて、この「桁」のことを「乱雑さ」と呼んでも問題なかろう。

というわけで、長々と申し訳なかったが、ようやく、乱雑さの指標としてのエントロピーを定義することができる。

エントロピーは乱雑さの「桁」のこと

ちゃんと数式で書くと

$$S = \ln \Omega$$

いや、これでも構わないのだが、通常は、ボルツマン定数kをいれて

$$S = k \ln \Omega$$

がエントロピーの定義になる。$k = 1$という特殊な単位系で話をすることも可能であり、kは書いたり書かなかったりするのでご注意ください。

§エントロピーは温度と関係するのではなかったか

あれ？　エントロピーを直観的に考えたとき、たしか、

エントロピーは熱の流入と関係している

といったのではなかったか？　だが、コインの重複度の話のどこにも熱の話はでてこないじゃないか。このインチキ！

読者の頭の吹き出しを予想してしまうのは、僕の悪い癖であるが、おそらく、かなりの読者が首をかしげているにちがいない。

ご心配めさるな、ちゃんと説明いたします。

重複度とは、ようするに「可能な状態」のことだ。もっと詳しくいうと、あるマクロな状態を決めたときに可能なミクロの状態の数のことだ。

それで、話を簡単にするために、これまで、コインの位置と動きには目をつぶってきたのである。コインの表裏という状態だけを問題にして、位置や動きを無視してきたわけ。だが、噴水の勢いによってコインは水中をひらひらと舞うのであるから、本当は動いている。当然のことながら、そのコインがどこにあるか、あるいは、どれくらいの速度で水中を動いているかも立派な「状態」であろう。

熱の流入によって温度が上がると動きは激しくなる。コインの場合でも、泉が煮えたぎったお湯になったら、中のコインは翻弄《ほんろう》されて、あちこちをさまよい、動き方がくるくる変わるにちがいない。だから、たしかに、熱が入ってくると、可能な状態は増えるのだ。位置と動きのバリエーションが増えるのである。そして、エントロピーは増大する。

コインの例でわかりやすく説明するならば、位置については、たとえば将棋盤か碁盤をもってきて、その上にコインをばらまいてみればいい。ミクロの状態としては、3枚のコインがすべて盤の片隅に集まる場合もあれば、3枚が適度にちらばる場合もあるだろう。だが、マクロの状態としては、3枚が3枚とも片隅に集まることは希だ。言い換えると、そういう場合の重複度は小さい。

実は、単原子理想気体を例にとると、重複度を計算するのに必要なのは、分子の「裏表」ではなく、分子の位置と速度なのである。

注：分子はコインとちがうから裏表はないが、単原子ではない分子だと回転なども考慮する必要がある。（ダンベルが回転するようなイメージで）単原子の分子だと、「球」のようなイメージなので、とりあえずは、その球の位置と速度に注目すればいい。

具体的に理解するために、前にでてきたサッカー－テトロードの式をもう一度眺めてみよう。

$$S \approx Nk \ln V + \frac{3}{2} Nk \ln U$$

これを、前に出てきた対数の足し算とかけ算の公式をつかって

$$S \approx k \ln \left(V^N U^{\frac{3}{2}N}\right)$$

と、書き直して

$$S = k \ln \Omega$$

と見比べてみると、対数の中身である重複度Ωは、どうやら、体積Vと内部エネルギーUと関係が深いことが判明する。体積Vは、「分子がどこにあるか」ということなので、「位置の情報」である。ということは、内部エネルギーUは、「速度の情報」を含んでいるのだろうか？

そうなのである。

単原子理想気体の内部エネルギーの正体は、分子の運動エネルギーであり

$$U = \frac{1}{2}mv^2 = \frac{1}{2}m\left(v_x^2 + v_y^2 + v_z^2\right)$$

なのだ。ただし、分子はN個あるので、それに応じて、サッカー－テトロードの式にもNがついている。

体積Vという状態の拡がりは、x、y、zという３つの座標のある三次元のグラフであらわすことができる。N個の分子が、体積Vの箱の中に入っている場合、この三次元のグラフのあちこちに分子の位置を点で打てば状態を把握することができる。

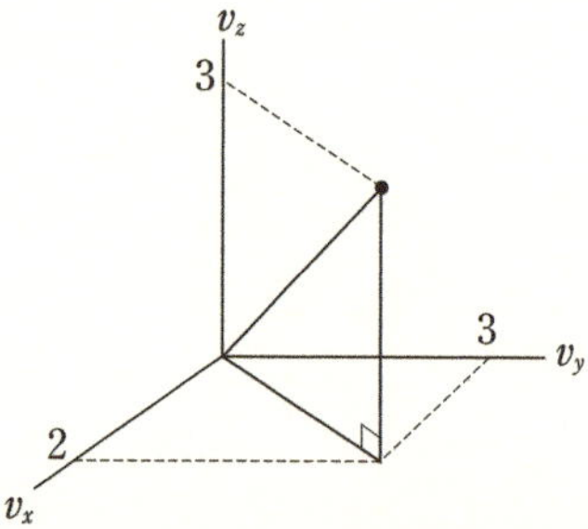

座標空間と同じように
速度（運動量）も空間
だと考える。
たとえば
$v_x=2$
$v_y=3$
$v_z=3$
という速度をもつ粒子は
この図のような（速度）
座標で指定することがで
きる。

図17　分子の速度で三次元座標を描いてみる

同様に、v_x、v_y、v_zという3つの座標のある三次元グラフを描いて、そこにN個の分子の速度（＝運動量）を点で打てば状態を把握することが可能だ。(**図 17**)

こうやって、通常の空間のほかに運動量の空間を加味したものを「相空間」(phase space) と呼ぶ。

たとえば、その気体の相空間が小さければ、状態の可能性も少ないので、エントロピーは小さい。逆に、相空間が大きければ、それに応じてエントロピーも大きくなる。だから、相空間のようすを見れば、エントロピーがどうなっているかもわかるという次第。

この相空間と重複度およびエントロピーとの関係は、あとで、現代版のマックスウェルの悪魔の解決のところにでてくるので、頭に入れておいてください。

相空間をみればエントロピーがわかる！

さて、すでに仕事 W を圧力 P かける体積変化 dV（あるいは張力かける長さ変化、などなど）と考えたことから類推して、熱 Q を温度 T かけるエントロピー変化 dS だと考えた。実際、歴史的な紆余曲折を経たのちに科学者たちがたどり着いたエントロピーの熱力学的な定義は

$$\Delta S = \frac{Q}{T}$$

なのである。ここで、Q は入ってきた熱量をあらわしており、Δ と d は区別しないでつかっている。

重複度 Ω は、もともと、ミクロな状態を数え上げて、それが、あるマクロな状態にどう対応しているかを考えたのだ。ミクロからはじめてマクロを説明するので、これは、「統計力学」という観点からの定義になっている。

それに対して、そもそもミクロの状態などは考えずに、最初からマクロな量だけで話をするのが「熱力学」なのである。

でも、本当は、ミクロな状態があるのだから、それを無視してしまう熱力学は、統計力学の「近似」にすぎないのだろうか？

そういう見方は根強いし、素粒子などを研究している人の多くは、この問いに「イエス」と答えるかもしれない。

この問題は、この章の最後でふたたび触れることにしたい。

で、ここでは、そういう問題は棚上げにして、エントロ

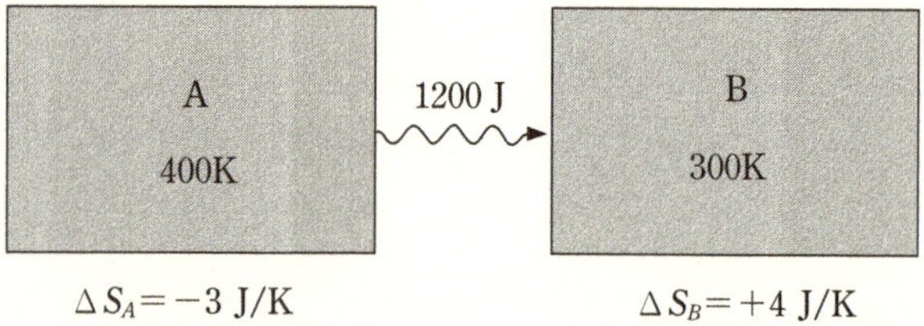

図18　熱が流れればエントロピーが増えるのは「あたりまえ」だ

ピーの熱力学的な定義をつかって、簡単な数値でエントロピーの性質を実感してみよう。(**図 18**)

問題　物体Aから物体Bに1200 J(ジュール)の熱が流れた。物体Aの温度は400K(ケルヴィン)であり、物体Bの温度は300Kだとする。このとき、物体Aと物体Bのエントロピーの変化はどうなるだろうか？

答え　まず、熱が流入した物体Bから考える。熱が入ってきたのだから、(可能な状態が増えて)エントロピーは増えるにちがいない。計算してみると

$$\varDelta S_{\mathrm{B}} = \frac{1200\mathrm{J}}{300\mathrm{K}} = 4\,\frac{\mathrm{J}}{\mathrm{K}}$$

になる。

次に、熱が流出した物体Aを考える。熱が出ていったのでマイナスをつけることを忘れずに計算してみると

$$\Delta S_{\mathrm{A}} = \frac{-1200\mathrm{J}}{400\mathrm{K}} = -3\,\frac{\mathrm{J}}{\mathrm{K}}$$

となって、エントロピーは減少する。

よろしいでしょうか？　確認しておきたいことが3つある。

まず、エントロピーの「次元」である。

エントロピーの次元はJ/Kであり、ジュールを温度で割ったものになっている。これは、実は、ボルツマン定数kの次元からわかっていたのだが。

次に、熱が入ってくるとエントロピーが増えて、熱が出てゆくとエントロピーが減ること。

そして、最後に、熱が流れた結果として、全体のエントロピーが増えたことである。

え？　どうして？

これは、かなり、重要なポイントなのだが、物体Ａから物体Ｂに熱が移動するには、まず、ふたつの物体に温度差がないといけない。温度差がないと、はじめから熱が移動しないからである。ところが、温度差があると、エントロピーの熱力学的な定義から、エントロピーの総量は保存しないことになる。熱の移動量を「温度」で割っているのだが、物体Ａと物体Ｂでは、その温度が食い違うからだ。

実際、全体のエントロピーは

$$\varDelta S = \varDelta S_A + \varDelta S_B = -3\frac{J}{K}+4\frac{J}{K}= 1\frac{J}{K}$$

となって、増えている。

なんだか魔法みたいだが、エントロピーは、エネルギーのように保存される量ではないのだ。そして、熱が流れるときは、常に、エントロピーは増大するのである。それは、一言でいえば、熱が温度の高い物体から温度の低い物体へと流れるからである。

全体のエントロピーは増大する
＝熱は温度の高いほうから低いほうへ流れる

そういうことです。

本書の中心テーマのひとつであるマックスウェルの悪魔との関連でいえば、ふたつの部屋ＡとＢがあって、Ａのほうが温度が高いとして、仕切りに穴があいているだけならば、熱はＡからＢへ流れる。温度の「コントラスト」は次第になくなって、しまいには、ＡもＢも同じ温度になる。だが、その過程で全体のエントロピーは増大してしまう。

マックスウェルの悪魔というのは、分子の状態を識別することによって、この傾向に歯止めをかけて逆さまにするような生き物なのだ。

マックスウェルの悪魔は、温度の「コントラスト」を強くすることができる。悪魔は、温度の低い物体から高い物体へ熱を逆流させることができる。だから、悪魔は、全体のエントロピーを減少させることができる。

　はたして、マックスウェルの悪魔はいるだろうか？

シュレ猫談義

隊長「これは、わしの専門の経済学と似ておるな？」

竹内薫「というと？」

隊長「熱が流れると必然的にエントロピーは増えるわけじゃな？」

竹内薫「そうだよ」

隊長「同様に、金が流れると必然的に財産は増える」

亜希子「利子がつくから？　たしかに似ているわ」

竹内薫「そういう安易なたとえは好かないな」

隊長「どうしてじゃ？　似ておるだろう？」

竹内薫「利子をもらう人もいれば、利子を払う人もいる。それで、全体の財産が増えるかどうかだが、世界同時不況になれば、減るんじゃないのか？　経済が常に成長を続ける保証がどこにある？」

エルヴィン「あ、この話題は、これくらいにされたほうが――」

隊長「ふむ、それなら、金をエネルギーと考え、幸福をエントロピーとみなしたらどうじゃ？」

竹内薫「また、わけのわからんことを」

隊長「金が流れれば人は幸福になる。全体の幸福は増大する」

竹内薫「つまり？」

隊長「そろそろ酒が切れてきた。人類全体の幸福を増やしておくれ」
竹内薫「…………」

§熱と仕事と温度

ここらへんで、大変、遅まきながら、「熱」と「仕事」と「温度」を定義しておこう。

そんなもん、初めにやりゃあいいじゃねえか。

なんでいまさら？

いや、御説ごもっとも。ですが、ちゃんとした理由があるのです。

まず、熱であるが、

熱とは温度差によってエネルギーが自然に流れること

である。「自然に」というのは、放っておいても、という意味。ここで、温度は、とりあえず、温度計で測ったのだと考えてください。とにかく、熱がエネルギーの流れなのだということだけ、頭に入れてください。

それで、熱の伝わり方だが、大きく分けて3つある。

1. 伝導　分子どうしがぶつかる（接触する）ことによって熱が伝わる
2. 対流　気体や液体が全体として（重力の中で）大きく動いて熱が伝わる

3. 放射　電磁波の放出によって熱が伝わる

学校では、
「部屋が熱いのは空気分子が激しく運動しているからで、寒いのは空気分子の運動が少ないから」
などと教わったかもしれないが、熱の伝わり方にもいろいろある。いま、僕の足元にある赤外線ヒーターは、「3」の電磁波の放射の典型だ。冷蔵庫をあけるとひんやりとするが、あれは、「1」ですね。コンロにかけると鉄板が熱くなるのも「1」。「2」の対流が原因となって暖かい空気が空に上って雲になったりする。
「2」は環境学とか気候学などをやる場合には欠かせないが、本書では触れない。

本書を読んでいるかぎり、だから、熱には2種類あるのだと考えてください。分子の伝導と電磁波の放射である。

問題　宇宙空間は真空に近いそうだが、広大な宇宙の真ん中に温度計をおいておいたらどうなるだろうか？

答え　真空に近いということは、分子がほとんど存在しない、ということなので、「1」の伝導と「2」の対流は考えられない。だが、宇宙空間には、電磁波が漲《みなぎ》っている。あとででてくるが、「宇宙背景放射」と呼ばれるもので、その電磁波が温度計に吸収されて、温度は約2.7K（マイナス270℃！）になる。非常な低温だが、温度は絶対零度ではない。

次に仕事だが、

仕事とは熱以外のエネルギーの流れのこと

である。これは、かなり特殊な「熱力学用語」なのだ。
熱力学の第一法則のところで

$$dU = TdS - PdV + \mu dN + \Phi dq + \sigma dL$$

└ここから後はみんな「仕事」

という具合に、いくらでも「仕事」が考えられることをやりましたっけ。
これは、ようするに、熱力学では「熱」に注目しているので、便宜上、エネルギーの移動を「熱」と「仕事」に分けて考えて、熱以外のものをひっくるめて「仕事」と呼んでいるだけのこと。
よろしいでしょうか。
それで、定義の最後が「温度」である。とりあえずは温度計で測るものというイメージしかなかったわけだが、理論的な定義は、次のようになる。

$$\frac{1}{T} = \frac{\Delta S}{\Delta U}$$

（数学の偏微分をご存じの方は、Δを「∂」に置き換えてください。仕事がない場合の話なのである。$dU = TdS$ を書き直しただけ！）

意味をじっくりと考えることにしよう。

図19のように仕切りのある箱を考えよう。仕切りは固定

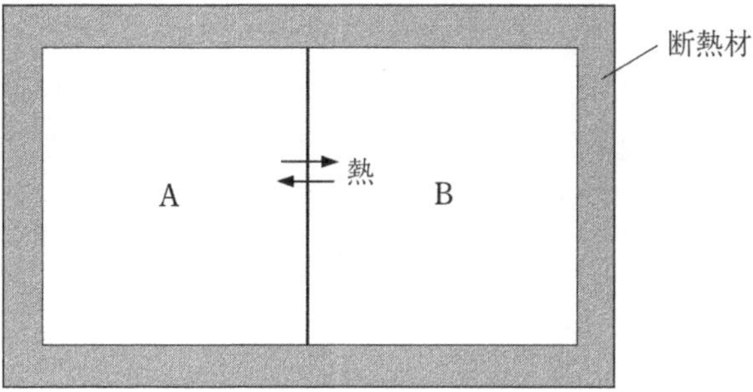

図19　断熱材でおおわれている仕切りのある箱を考える

されていて、熱だけを通すようになっている。左の部屋をA、右の部屋をBと呼ぼう。箱の周囲は断熱材でおおわれていて、熱の出入りはない。もちろん、ピストンなどもついていない。

理想気体の場合、エントロピーは、前にサッカー－テトロードの公式を書いたから、仕切りによって左右の体積が固定されている場合、変数は内部エネルギーUだけを考えればよく

$$S_A \propto \ln U_A$$

$$S_B \propto \ln U_B$$

だということがわかる。全体のエントロピーSは

$$S = S_A + S_B$$

である。

ただし、周囲との熱や仕事の出入りはないから、全体のエネルギーUは一定だ。定性的な話をするために、単位は忘れて、仮に全エネルギーを100としてみよう。

$$U_A + U_B = 100$$

ということは、当然であるが

$$U_B = 100 - U_A$$

となって

$$S_B \propto \ln(100 - U_A)$$

と書くことができる。

ここで

$$\varDelta U_B = -\varDelta U_A$$

であることに注意！ 全エネルギーは100に固定されているのだから、右の部屋のエネルギーが増えれば、そのぶん、左の部屋のエネルギーは減る。あたりまえです。

さて、SとS_AとS_Bを1つの変数U_Aを横軸にとってグラフにしてみると、面白いことに気がつく。（**図20**）

このグラフをみて気がつくことは、全エントロピーSが最大になるとき、左の部屋のエントロピーS_Aと右の部屋のエントロピーS_Bの「傾き」がちょうど逆さまになることだ。全エントロピーが最大値になるとき、その傾きはゼロなのだから、あたりまえといえばあたりまえだが。プラスとマイナスの同じ傾きを足すとゼロになるわけだ。

それで、大事なのは、

熱の流れは全体のエントロピーが最大になると止まる

ということ。

系は常にもっともエントロピーが高い状態、いいかえると、もっとも重複度の大きいマクロな状態へ移行するのでした。いったん最大になったら、もう減少する確率は天文学的に小さい（！）から、最終状態ではエントロピーは最大になるという次第。

エントロピーSは熱の動きと関係している。熱は温度Tの高いほうから低いほうへ流れる。そして、熱の流れが止まったとき、左右の部屋の温度は同じになったことがわかる。熱の流れが止まることを「熱平衡」というので、温度というのは、

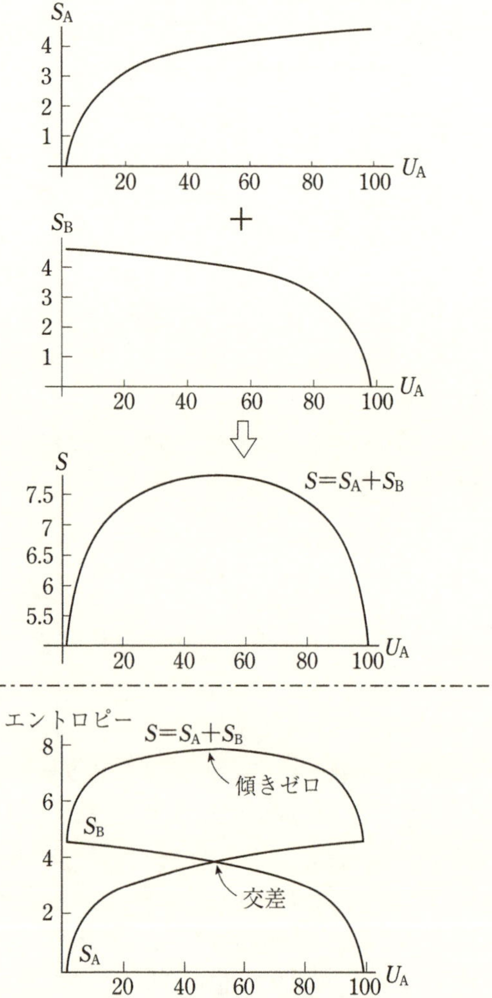

図20　仕切りで区切られた部屋Aと部屋Bのエントロピーの変化

温度＝熱平衡のときに同じになるような物理量

なのだといえる。

熱平衡、つまり、全エントロピーが最大になったとき、グラフから

$$\frac{\Delta S}{\Delta U_A} = \frac{\Delta S_A}{\Delta U_A} + \frac{\Delta S_B}{\Delta U_A} = 0$$

であることがわかる。S_A のグラフと S_B のグラフが交叉するところをご覧いただきたい。これは、書き直すと

$$\frac{\Delta S_A}{\Delta U_A} = \frac{\Delta S_B}{\Delta U_B}$$

になる。熱平衡で同じような物理量……って、コレのことじゃないのか？　左辺と右辺が、それぞれ、ＡとＢの「温度」というわけである。

ただし、熱平衡でないときの熱の流れを考えてみると、グラフの傾きが大きいとき、温度は低く、傾きが小さいとき、温度は高いことがみてとれる。

ちょっと頭が混乱するかもしれないが、グラフの傾きと温度とは逆数の関係にあるのだ。

だから、この式は

$$\frac{1}{T_A}=\frac{1}{T_B}$$

を意味するのだ。

温度＝エントロピーのグラフの傾き（の逆数）

こうやってみると、ふだん温度計で測っている「温度」のほうが、理論的には、エントロピーと内部エネルギーから「定義」される代物だったことに気がつく。熱平衡という状態をきちんと考えるためには、エントロピー最大という条件が必要なのだから。

うーん、徐々に、エントロピーという概念がいかに重要かがわかりはじめてきました。

シュレ猫談義

隊長「素朴な疑問じゃが、Δは、小さな変化、という意味なんじゃろ？」

エルヴィン「はい」

隊長「それなら、わざわざ

$$\frac{1}{T}=\frac{\Delta S}{\Delta U}$$

などと書かずに、素直に

$$T = \frac{\Delta U}{\Delta S}$$

と書けばいいではないかの？」

エルヴィン「おっしゃるとおり、それでかまいませんが、実際の実験などでは、エネルギーの変化によってエントロピーがどう変化するかを考察することが多く、その逆はないので……」

竹内薫「つまり、グラフを描くとき、縦軸がエントロピーで横軸がエネルギーという場合がほとんどだから……エントロピーがエネルギーの関数だとみなして、その関数グラフの傾きが温度の逆数だと定義したほうが実用上、便利なわけ」

隊長「おまえが話しはじめると、とたんにわかりにくくなる」

竹内薫「へえ、へえ、悪うござんしたね」

隊長「もうひとつ質問だ」

竹内薫「どうぞ」

隊長「前にでてきた３枚のコインの例では、いったい、温度はどうなるのだ？」

竹内薫「あ！」

エルヴィン「吾輩が引き取らせていただきます……あの場合は、コインの動き、すなわち運動量を無視して裏表という状態だけで話をしていたので、内部エネルギーがありませんから、温度状態として、位置と運動量も考慮に入れないといけない、と注意しておいたのです」
隊長「あいわかった」

§温度計をエントロピーの頭で考える

風邪をひいて体温を測るとき、日本では体温計を脇の下にはさむが、アメリカでは舌の下にくわえる……というのはどうでもいいのだが、前節のような温度の理論的な定義は、実際に温度計をつかう際にも本当にあてはまるのだろうか？

直観的にわかるように考えてみよう。

温度計を舌の下に入れてみる。ひんやりと冷たい。だから、この時点で、温度計の温度T_Aのほうが体温T_Bよりも低いことは小学生にでもわかる。それで、時間がたつにつれて、人間のからだから体温計へと熱が流れ、温度計は暖かくなって体温に近づく。最終的に体温と同じ温度になると熱の流れは止まる。

これは、前節のふたつの部屋を人間と体温計にみたてればいいのである。

最初は左の部屋（体温計）のエントロピーS_Aのほうが低い。図20のグラフの左端のあたりをご覧いただきたい。温度は、このグラフの傾きの逆数で定義される（変数をU_AにするかU_Bにするかでプラスとマイナスの問題がでてくるが、傾きの絶対値をとるようにすれば問題は生じない）。あきらかに、この時点では、左の部屋のS_Aの傾きのほうが右の部屋のS_Bの傾きより大きい。ということは、温度は傾きの逆数なので、左の部屋の温度のほうが低いことになる。体温計に引き戻して考えれば、体温計のほうが体温よりも温度が低いことになる。ちゃんと、つじつまがあっている。

風邪をひいて体温を測るたびに、

「温度はエントロピーの傾きの逆数なのだなぁ」

と考える人もいないと思うが、体温を測りおえたとき、全エントロピーは最大の状態になっているのだ。

もっとも、エントロピーが最大になって熱の流れが止まるというのは、直観的に理解しがたいのも事実だ。なぜなら、われわれの頭は、エントロピーではなく、エネルギーで考えるように訓練されているので、どうしても、

「最大ではなく、最小になったら反応が止まるのではないのか」

と思ってしまうから。

エネルギーをつかっていって、エネルギーが最低の状態になると反応は止まる。だから、エントロピーが最大になると熱の流れが止まるというのが、なんとも奇妙に聞こえてしまう。

どうしても気持ちの悪い人は、マイナスをつけて考えたらどうだろう？　つまり、エントロピーではなく、その前にマイナス符号をつけた「ネゲントロピー」で考えるのである。そうすれば、グラフは上下が逆さまになるから、

「全ネゲントロピーが最小になると熱の流れは止まる」

ということができて、理解しやすいかもしれない。

まあ、趣味の問題である。

もともと、エントロピーは「無秩序さ」の尺度なのだか

ら、最大限に無秩序になれば、もうそれ以上は無秩序になりようがなく、熱の流れが止まるのであり、最大とか最小という言葉には惑わされないほうがいいかもしれない。

なお、体温の場合は、厳密にいえば、周囲の空気とも熱のやりとりがあるし、体温計による体温の低下は無視できるから、実際は、ここで考えたよりも複雑であることを付け加えておく。

§熱力学第三法則

熱力学の第三法則は、いわば目盛りの原点の話である。絶対零度では、物質の動きは止まるから、状態も1つに決まるであろう。つまり、重複度Ωは1になる。最低エネルギー状態は1つしかない。そこに落ち着く。だから、エントロピーは

$$S = k\ln\Omega = k\ln 1 = 0$$

となって、絶対零度でゼロになるのである。(ln1 = 0である。あえて意味を考えるのであれば、可能な状態の数を数えたら、その桁がゼロということである。なにしろ、状態は1つしかないのだから)

ところが、この簡潔明瞭な熱力学の第三法則は、実際には、理想的な情況にしか当てはまらない。物質科学とのかねあいでは、絶対零度に近づけても、なかなかエントロピーがゼロにならない「残留エントロピー」というのがあるからだ。

残留エントロピーというのは、その名のとおり、最後までエントロピーが「残留」してしまう現象だ。

たとえば、一酸化炭素 CO を凍らせる。どんどん温度を下げていって、それでは、エントロピーをゼロにできるかというと、そうは問屋が卸さない。

どうしてかというと、CO の結晶は１種類ではないからだ。本当は、最終的に絶対零度になれば、最低エネルギーの完全結晶に落ち着くはずであるが、いったん、不完全な形で凍ってしまうと、なかなか、最低エネルギー状態の完全結晶へと形を変えることができなくなる。（**図 21**）

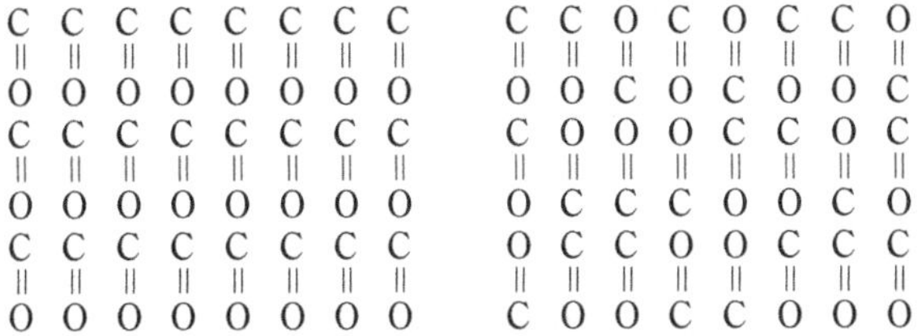

（a）完全結晶　$S=0$　　（b）配向が乱れた結晶　$S>0$

図21　COの結晶の分子の配向

渡辺啓『エントロピーから化学ポテンシャルまで』より

本当は、もっとエネルギーの低い並び方になりたいのだが、なにしろ、固まっているので身動きがとれない。冗談でなく、残留エントロピーは「凍り付いている」わけだ。

このほかにも、原子核の中の中性子の数がちがう「同位体」の存在によって残留エントロピーが発生する場合もある。何種類かの同位体がある場合でも、本来は、絶対零度になると、結晶の中で同位体が最低のエネルギー状態に並ぶはずである。だが、いったん固まってしまったら、同位体がうまく混ざって最低エネルギー状態になることができない。だから、エントロピーがゼロにならないのだ。

もちろん、原理的には、そういう凍り付いたエントロピーだって、悠久の時を経れば、うまく並び替えが進んで、エントロピーはゼロになるのだと考えられる。でも、それにかかる時間が宇宙の年齢よりも長いとするならば、実質的には、残留エントロピーはなくなることがない。

同位体の並び方が凍り付かない例外もある。それは、ヘリウムである。ヘリウムの原子核は、陽子が2個で中性子も2個のヘリウム4と、陽子が2個で中性子が1個のヘリウム3とがある。ヘリウムは絶対零度でも液体のままなので、この2種類の同位体がうまく混ざって、最低のエネルギー状態をとることができるので、残留エントロピーはない。

シュレ猫談義

隊長「同位体というのがわからん」

竹内薫「うー、この本の話題とちがうなぁ。エルヴィン、やれ」

エルヴィン「元素の性質は原子核のまわりにいくつの電子をもっているかで決まります。いくつの電子をもつかは、原子核の陽子の数で決まります。だから、原子核の陽子の数が、元素の名前を決めているのです。陽子が1個だと水素であり、2個だとヘリウムであり、6個だと炭素という具合に。陽子と電子の数が同じなのは、陽子と電子が反対の電荷をもつからです。

第1章　マックスウェルの悪魔21

陽子のプラスの電荷を打ち消すようにマイナスの電荷の電子があるわけですね。でも、中性子は電荷をもたないので、同じ元素でも数が一定ではありません。この、中性子の数がちがう状態のことを『同位体』（isotope）と呼ぶのです」

隊長「（鼾《いびき》をかいている）ぐー」

§ちょっと復習

あれ？

最初にでてきたパソコンの計算とマックスウェルの悪魔の話はどこへいったのだ？

どんどん離れていくようだが、そろそろ、コンピューターとマックスウェルの悪魔の話に収束しはじめます。

ちょっと復習しておこう。

3枚のコインの熱力学のところで、あるマクロな状態に対応するミクロの状態の数を「重複度」と呼んで、その対数がエントロピーだといった。

それで、実際の分子の場合は、ミクロな状態として、「どこにあるか」と「どちら向きにどれくらいの速さで動いているか」を考えないといけないといった。熱を加えると分子の速さが大きくなるから、重複度も大きくなる。だから、エントロピーは熱と関係するように見えるのだといった。（分子の重複度は、そのほか、「どれくらいたくさんの粒子があるか」にも関係する）

それで、分子の場合、重複度の大きさを次のような図に

あらわすことができる。(**図22**)

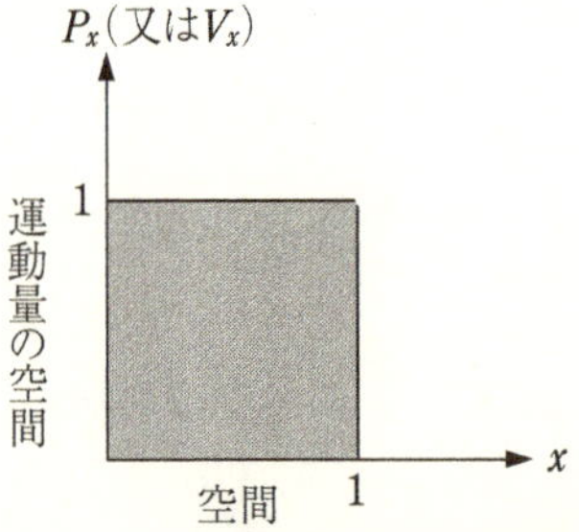

y方向とz方向は省略してある。
粒子は黒く塗られた範囲のどこかにある(=そのような位置と運動量をもつことができる)。

図22　分子の重複度を表す相空間

これは模式図だが、ようするに、横軸がふつうの「空間」であり、縦軸が「運動量の空間」であり、この2つをまとめて「相空間」と呼んでいる。

空間というのがわかりにくいなら、シリンダーの体積を思い浮かべていただきたい。ようするに分子が自由に動き回れる空間のことだ。

同様に、運動量というのがわかりにくいなら、速さと言い換えてもかまわない。分子はいろいろな速さで動くことができるが、その速さの上限だと思ってください。

ここで黒く塗りつぶされている部分は、可能な状態をあらわしている。分子は、この黒い範囲のどこかにいる。ただし、「どこか」というのは、文字どおり空間のどこかという意味と、運動量空間のどこか、すなわち、どれくらいの速さで、という意味の両方を意味している。ようするに、この黒い部分が分子の状態の「可能性」の範囲をあらわしているのだ。この黒い部分が大きければ、いろいろな状態の可能性があるので、重複度が大きい。逆に、黒い部分が小さければ、可能性が限られてくるので、重複度は小さい。

コインの場合でいえば、3枚とも表の場合、可能性は1つしかないから、黒い部分が小さいのだといえる。2枚が表で1枚が裏の場合、可能性が3つあるので、黒い部分が大きい。そういうアナロジーで考えてください。

それで、分子の場合に、どうしてコインのように数えずにグラフにするかといえば、それは、空間も運動量空間も整数ではなく、連続的な値をとるからにほかならない。

とにかく、このふつうの空間と運動量空間を一まとめにしたものを「相空間」と呼ぶ。状態をあらわすには、それが「どこ」にあるかだけでなく「どんな速度」であるかも指定しないといけない。だから、それを横軸と縦軸にとったまでのこと。

相空間のグラフを描けば、重複度が大きいか小さいかがわかるので、エントロピーも計算することができる。熱が流入するとエントロピーが増大するというのは、言い換えると、「相空間が大きくなって、重複度が増す」ということである。

例を4つばかりみてみよう。

まず最初は、ピストンを押して体積を半分にした場合。(図23－1)

じわじわと押していくと等温的で、ようするに周囲との温度調整をするから、分子の速度の上限は変わらないが、空間は半分になってしまう。だから、グラフの黒い部分が小さくなった。重複度が小さくなるのだ。だから、エントロピーは減少する。

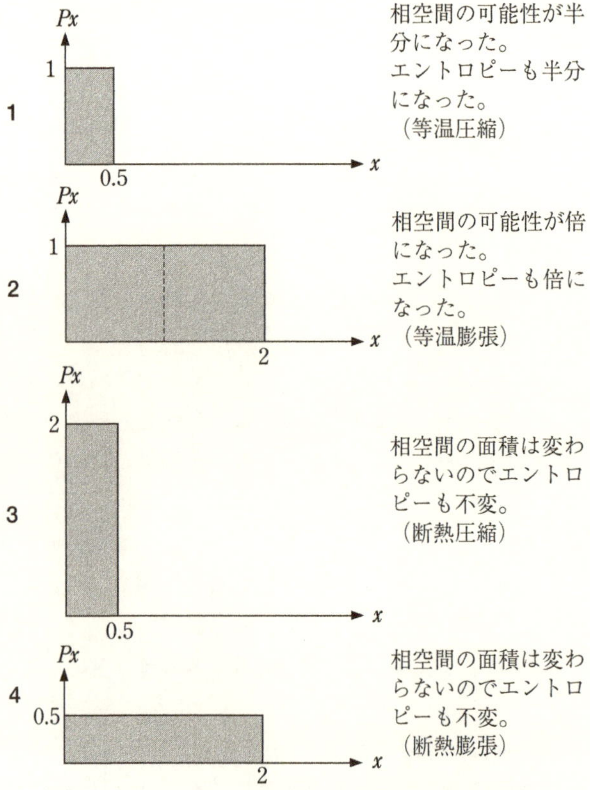
1
Px
1
0.5
x
相空間の可能性が半分になった。
エントロピーも半分になった。
（等温圧縮）
2
Px
1
2
x
相空間の可能性が倍になった。
エントロピーも倍になった。
（等温膨張）
3
Px
2
0.5
x
相空間の面積は変わらないのでエントロピーも不変。
（断熱圧縮）
4
Px
0.5
2
x
相空間の面積は変わらないのでエントロピーも不変。
（断熱膨張）

図23　圧縮・膨張による相空間の変化

この場合、減少したぶんのエントロピーは、周囲に熱として放出される。周囲のエントロピーは増える。

もちろん、熱力学第二法則によれば、全体としてエントロピーが減少することはないので、内側と外側のエントロピーを足してみれば、勘定は合う。全体としては、エントロピーは同じか増えることになる。

次に、ピストンをゆっくりと引いて体積を倍にしてみる。(図23－2)

今度も等温過程だが、体積が大きくなったぶん、温度が低くなりそうなので、それを防ぐために周囲から熱が流れ込んで温度を一定に保つことになる。つまり、内部のエントロピーは増えて、周囲のエントロピーは減るわけ。

このふたつの事例は、次の節でつかうので、よく覚えておいてください。よろしいでしょうか？

今度は、急激にピストンを押してみよう。(図23－3)

この場合は、熱が逃げて周囲と温度調整をする暇がないので、いわば、熱がこもった状態になって、体積は半分になったが、そのぶん、分子の速度が上がる（＝温度が上がる)。だから、黒い部分は、細長くなるけれど、面積は減ることはない。周囲との熱のやりとりはないから、周囲のエントロピーは変化しない。

最後に、断熱的にピストンを引くと、体積は倍になるが、温度が下がる。やはり、黒い部分の面積は同じだ。内部のエントロピーも外部のエントロピーも変化しない。(図23－4)

しつこいようだが、理想気体の重複度は

$$\Omega \propto V^{N} U^{\frac{3}{2}N}$$

という恰好をしていましたね。この最初の体積Vの部分が相空間のグラフの横軸であり、後ろのエネルギーUの部分

がグラフの縦軸だと思ってください。(内部エネルギーは温度に比例し、また、運動量とも関係する)

§シラードのエンジン

復習が終わり、ようやく、コンピューターとマックスウェルの悪魔の話をすることができる。

レオ・シラードという物理学者は、アインシュタインの原爆書簡を準備した人物だ。結果的にアインシュタインが署名してルーズベルト大統領が原爆開発にゴーサインを送ったことから、アインシュタインの人道的な責任を問う声が今でもある。この問題は非常にややこしいし、唯一の被爆国である日本において、この問題は多くの人の心を傷つける。だから、僕もいい加減な知識で論ずることは避けたい。だが、書簡を大統領に渡すことを思いついて、書簡そのものの文面を書いたのは、ほぼまちがいなくシラードなのである。もちろん、シラードは政治家ではない。れっきとした物理学者である。

シラードは1929年にマックスウェルの悪魔について論文を書いたが、そこで面白い思考実験を提案した。

まずは、図をご覧ください。(**図24**)

ふつうの教科書にでているエンジンとちがって、左右にピストンがついていますね。そして、中には、気体分子が1個だけ入っている。だから、これを「1分子マックスウェル機械」とか「シラードのエンジン」などと呼んでいる。分子がないところは真空です。

このエンジンには、マックスウェルの悪魔が取り憑《つ》いて

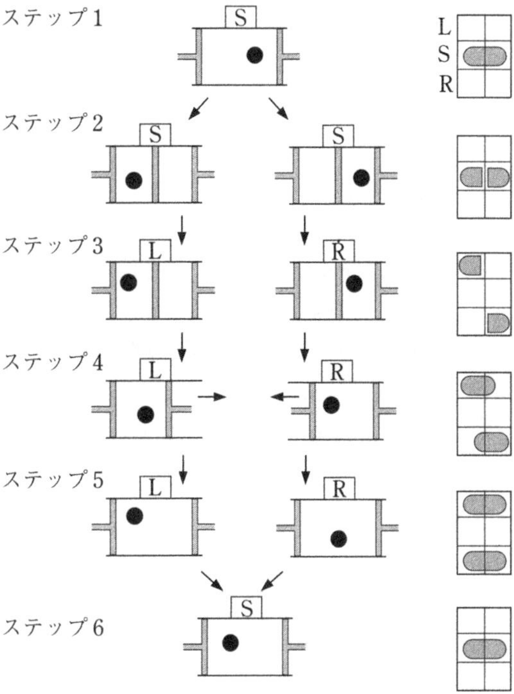

図24　1分子のエンジンにマックスウェルの悪魔がいるとすると

C. H. Bennett『The Thermodynamics of computation ── a Review』より一部改変

いて、中の分子の位置を測定する。測定の結果は、ニュートラルな「S」状態と「左」状態と「右」状態の３つだ。というより、「S」というのは、測定をしていない状態、あるいは、リセットされた初期状態、標準状態ということでstandardの頭文字をとっている。

図の左側が実際のエンジンの状態であり、右側が「相空間」のようすをあらわしている。ただし、理想気体の相空間とちがって、この場合は、横軸が分子の位置をあらわし、縦軸がマックスウェルの悪魔の「心」の状態をあらわしている。

マックスウェルの悪魔を最初から仮定してどうする！
インチキだ！

またまた罵声が浴びせかけられそうだが、不安な読者は、マックスウェルの悪魔の心の状態などというのはやめにして、「コンピューターのメモリー」と言い換えてくださって結構だ。

メモリーがどうやって分子の位置を観測するんだよ！

うーむ、具体的な測定装置については、この節の最後にベネットが考案したものをご紹介しますから、とりあえず、先に進ませてください。

と、天の声ならぬ読者の声を封じつつ、各ステップの説明をします。

ステップ1　分子はエンジンのどこかにあり悪魔はＳ状態にある。

ステップ2　悪魔がエンジンの真ん中に仕切りをおろした。単におろすだけなのでなにも変化はないが分子は左右どちらかの部屋に閉じこめられる。悪魔はまだ観測をしていないのでＳ状態のまま。

ステップ3　悪魔が観測をする。分子が右にあれば悪魔の心は「右」状態になり分子が左にあれば状態は「左」になる。

ステップ４　測定の結果、分子がないほうのピストンを仕切りまで押してから仕切りを引き上げる。真空でピストンを押してもなにも変化はない。仕切りも上げるだけなので変化はない。すると、真ん中まできていたピストンは分子の圧力（分子が衝突する！）によって、するすると元の位置まで戻りはじめる。

ステップ５　ピストンが完全に元の位置に戻る。

ステップ６　悪魔は測定結果を「忘れて」Ｓ状態に戻る。

この最後のステップ６は、最初のステップ１と同じである。

さて、これのどこがエンジンなのかといえば、ステップ４で分子に押されてピストンが外に押し出されるところにご注目ください。たしかに分子は１個しかないが、立派にピストンを押して外部に仕事をしている。だから、エンジンなのだ。

ステップ４でつかった「変化はない」という表現は曖昧《あいまい》で申し訳ないが、ようするに、ほとんど仕事をしない、という意味であり、だから、ほとんどエネルギーを要しないし、エントロピーも変化しない、という意味である。

これは、宝くじで１億円当たった人にとって１円が「ほとんどゼロ」に近いのと同じような感覚だ。

それで、各ステップにおけるエントロピー変化と熱の出入りを考えてみよう。

そんなに難しくない。

ただ、図の右側の相空間の模式図をみればいいのである。

前節で復習したように、相空間で黒く塗られている部分が、可能な状態なのであり、ようするに重複度なのであり、そこさえ見れば、エントロピーの増減を見積もることができる。

分子は1個しかないので、ピストンはゆっくりと動く。また、断熱材はつかっていない。だから、これは、前節で復習したばかりの等温過程にほかならない。

となると、ステップ1からステップ3までは、相空間の黒く塗られた部分の面積が変わらないから、エントロピーの増減はないことがわかる。当然のことながら、熱の出入りもない。

ステップ1から3まではエントロピーの増減はない

問題になるのは、ステップ4だ。

ここでは、等温膨張により、分子が存在できる位置が増えている。相空間における可能な状態が増えている。だから、エンジンのエントロピーも増えている。ということは、外から熱が流入することになる。

分子が1個なので奇妙な感じがするかもしれないが、ようするに、分子がピストンに当たって押すのである。すると、分子の運動エネルギーは減って、速度も小さくなる。その減少ぶんをエンジンの外から熱が流入して補うのだ。

ステップ４ではエンジンに熱が流入してエントロピーが増える

そして、ステップ５では、相空間をみれば明らかなように、黒く塗られた部分の面積が２倍に増えている。エンジン内の体積が２倍になって、分子の存在可能な場所が２倍になったからである。

ステップ5のエントロピーはステップ1から3までの2倍である

で、別にエントロピーが増えても問題ないじゃないかといわれそうだが、エンジンの周囲のエントロピーは確実に減っている。周囲からはエンジンに熱が流れ込んでいるのだから。

最後のステップ６になると、悪魔は測定結果を忘れてしまう。メモリーでいえば、リセットされてしまう。これは、最初のステップ１と同じである。

最後のステップ6の相空間の黒い部分は、驚いたことに、ステップ５の半分になっている。ということは、エントロピーが減ってしまった！

ステップ6のエントロピーはステップ1から3までと同じ

全体としてみると、ステップ4から5にかけて周囲から取り込んだ熱によって、周囲のエントロピーは減ったのである。そのぶん、エンジン内部のエントロピーは増えた。だが、最後のステップ6でエンジンのエントロピーが一気に半分に減ってしまうので、エンジンが1回転したあとで残った（嘘の）結果は、

嘘の結果　全体としてエントロピーが減った

ということになる！

孤立系のエントロピーは減らないし、宇宙全体のエントロピーも減らない。それが熱力学の第二法則の意味である。ところが、シラードのエンジンは、一見、それを破っているように思われる。

本当に悪魔はいるのだろうか？

まあ、大方の読者は予想がついていると思うが、トリックは、最後のステップ6にある。悪魔は測定結果を忘れて「S」状態に戻る。あるいはメモリーを消去する。リセットする。これが、不可逆過程なのである。不可逆過程なので、このとき、熱が発生するのである。

悪魔が測定結果を忘れるときには熱が発生する

ちょっと表現が比喩的すぎるので、コンピューターのメモリーの場合で言い換えると、

メモリーをリセットすると熱が発生する

のである。つまり、周囲に熱が流れ出て、周囲のエントロピーが増えるのである。だから、シラードのエンジンが1回転しても、周囲の環境まで含めて、全体としてエントロピーが減少するなどということはない。

最終結論として、

リセットという不可逆過程によりエントロピーが増えるのでマックスウェルの悪魔は存在しない

ということができる。

マックスウェルの悪魔は、エントロピーを減らして、熱力学第二法則を破ってしまうような何者かなのだが、悪魔といえども「忘れる」ことが必要なので、どうしても全体としてのエントロピーを減らすことはかなわない。

これは、かなり、決定的な思考実験なのだ。

なぜならば、どうしてマックスウェルの悪魔が存在しないか、その理由を徹底的に解明したのだから。マックスウェルの悪魔が存在できない理由は、悪魔が無限に過去の測定結果を覚えていられないからなのである。メモリーは無限に大きくできないから、マックスウェルの悪魔は原理的に排除されたのである。

でも、充分に大きなメモリーを用意して、リセットを遅らせたらどうなる？

いえいえ、その場合、たしかにリセットするまではエントロピーの増加を抑えることができますが、いつかは破局が訪れる。

コンピューターのメモリーは必ず有限なので、いくら大きいメモリーを用意していても、いつかはリセットしないと動かなくなってしまう。そして、そのリセット時に、一気に大量の熱が発生して、周囲のエントロピーをドーンと増やしてしまう。

まあ、相空間の模式図をみていれば、あたりまえのことかもしれないが、この簡単な事実は、なんと、シラードが1929年に論文を発表してから53年間も気づかれず、1982年になって、ようやくチャールズ・ベネットが指摘して大騒ぎになったのでした。

どうしてかというと、みんな、「リセット」（ステップ6）ではなく、「観測時」（ステップ4）にエントロピーが増加するのだと勘違いしていたから。ブリルアンをはじめとする錚々《そうそう》たる物理学者たちは、ほとんど、悪魔が「忘れる」ときではなく、悪魔が「分子を見る」ときにエントロピーが増加するのだと結論づけていたのだ。

もっとも、シラード自身は、1分子エンジンの1サイクルにおいて、エントロピーが増加することを指摘しているので、まちがったことはいっていない。ただ、そのサイクルのどの段階でエントロピーが増加するのかをつきとめていたわけではないようだ。

　また、話が複雑になるのだが、ブリルアンたちの「悪魔が見るとエントロピーが増える」という議論も、たしかにそういう場合もあるという意味では、まちがった議論と断じるわけにはいかない。なぜなら、やってきた分子を悪魔が観測するときに光子をつかうとすると、その光子のもっているエネルギーが消費されるからである。「見る」ためにつかった光子のエネルギーが回収できないのであれば、そこで熱が発生して、エントロピーが増えてしまう。この議論は、かなり説得力があり、自然でもあるので、長い間、「悪魔がいない」ことの正しい説明だと思われてきた。

ブリルアンたちの説明　悪魔が分子を「見る」ときにエントロピーが増える

　悪魔は、分子を部屋に分けて、エントロピーを下げようとするが、そのためには、まず、分子を見ないといけないので、そのときにエントロピーが発生してしまうから、正味、全体のエントロピーは下がらないというのである。

　だが、たしかに観測によってエントロピーが増加することもあるが、増加しないような観測方法もあるのだ。これは、「サイエンス」1988年１月号（現在の「日経サイエンス」をむかしは「サイエンス」といっていた）にベネットが書いた「悪魔エンジンと第二法則」という紹介記事にでていたものだが、とくとご覧あれ。（**図25**）

　それで、メモリーの消去のほうは、どうしてもエントロピーが増加してしまう。だから、結論としては、悪魔が第

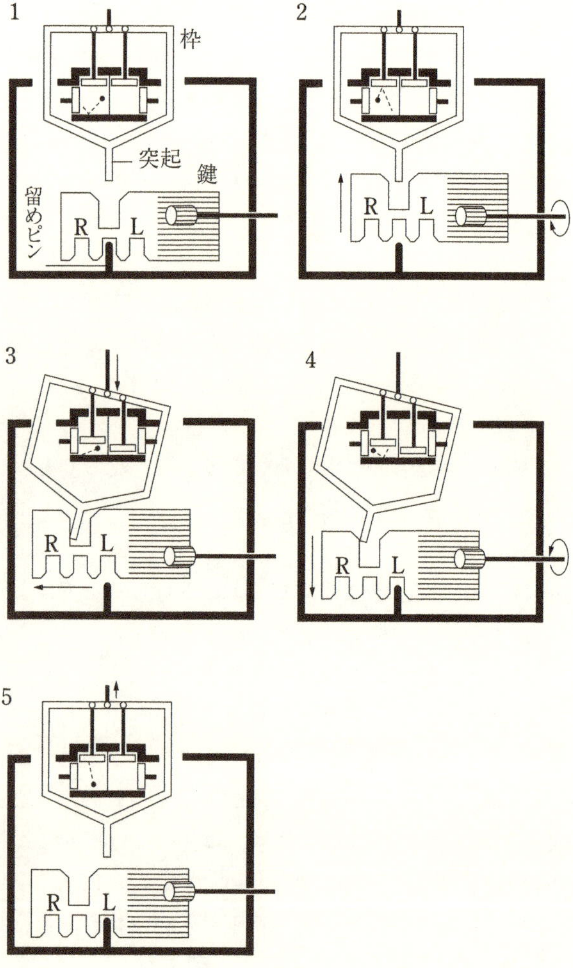

図25　ベネットの1分子エンジン

C. H. ベネット『悪魔とエンジンと第二法則』(「サイエンス」)より

二法則を破ることができない真の理由は、悪魔が「見る」からではなく、悪魔が「忘れる」からなのである！

シュレ猫談義

隊長「この本の最初にランダウアーという人物の話がでてきたように思うが、いったい、どこへいったのだ？」

竹内薫「あ、メモリーをリセットする行為が不可逆で、必然的に熱が発生する、ということを最初に発見したのがランダウアーなんだ」

隊長「不可逆だと熱が発生する？」

竹内薫「ほら、この本の最初のほうで、熱はたくさんの空気分子へと流れてしまって回収不能だから不可逆だというような話をしたでしょう」

隊長「そんな気もする……だが、それならば、ランダウアーがマックスウェルの悪魔を退治したのではあるまいか」

竹内薫「いや、ランダウアーは、自分の論文がマックスウェルの悪魔と直接関係するとは気づかなかったから、やはり、ベネットが最終的な解決者ということになるんだと思う」

§情報エントロピーと熱力学的エントロピーは同じである

メモリーの消去によって熱が発生して、宇宙全体のエントロピーは、必然的に増えることがわかった。

せっかく、メモリーの話をしたので、ついでに、情報エントロピーの話もしておこう。

前に、「ネゲントロピー」という変な言葉がでてきた。負のエントロピーのことである。Negative-entropy（ネガティヴ・エントロピー）を略したのである。それなら、たとえば、エネルギーにもネゲルギーがあるかといえば、そんなものはない。あるいは、体積にマイナス符号をつけて、ネガヴォリュームということもない。

わざわざ負のエントロピーに名前をつけてネゲントロピーなどと呼んでいるのには、それなりのわけがあるにちがいない。

一言でいえば、その理由は、

ネゲントロピーが情報を意味する

からである。情報というのは、われわれに馴染みが深い概念である。それと同じ意味をもつ「負のエントロピー」という言葉が頻出して不便なので、「ネゲントロピー」という新語がでてきたのだ。

だが、いったい、どうしてネゲントロピーは情報を意味するのか？

これは、実に簡単なことである。エントロピーの定義を思い出そう。

$$S = k\ln\Omega$$

この Ω は重複度である。ようするにミクロの状態がどれくらいマクロの状態において重複しているかをあらわしている。可能な状態の数というわけだ。この重複度が大きいということは、とりもなおさず、たくさんの（ミクロの）可能な状態がある、ということで、言い換えれば、情報が不足している、ということである。ミクロの状態がたくさんありすぎて、そのどれが実現されているかわからないからである。わからないということは、情報が少ないということです。つまり、エントロピーが大きいということは、情報が少ないということだ。

エントロピー(大)＝情報(少)

エントロピーは乱雑さの度合いなのであるが、乱雑というのは、バラバラでどうなっているかわからないということだから、情報が少ないというのは、直観的にも明らかであろう。

ところが、これでは、エントロピーと情報の関係が逆になってしまって不便なので、エントロピーにマイナス符号をつけて、

ネゲントロピー(小)＝情報(少)

と考えるのである。

さて、ここでひとつの疑問が生じる。

それは、分子の状態や熱とともに考えてきたエントロピーという概念が、ここでできた情報と結びつけられた

エントロピー（ネゲントロピー）とまったく同じものなのか、それとも、似ているだけで別のものなのか、という疑問である。

よけいな混乱の元を断ち切るという意味で、最初に答えをいってしまうと、熱力学的（統計力学的）エントロピーと情報エントロピーは、まったく同じである。

こんなふうに断言すると、

「いや、私は権威ある書物において、このふたつのエントロピーを混同しないように注意してあるのを読んだ覚えがある」

と、読者の猛反論を受けそうである。

だが、もちろん、僕は、そういう意見があることは重々承知のうえで、このように断言しているのである。

これは、ようするに、情報量の大きさの問題なのだ。

熱力学的エントロピーは、一般的にいって、分子がアボガドロ数個くらいある場合にでてくる。アボガドロ数というのは、だいたい、10の24乗なのだ。それで、理想気体のエントロピーの式を思い出せばわかるように、熱力学的なエントロピーというのは、だいたい、粒子の個数の程度なのである。（この事実は、あとでブラックホールのエントロピーを計算するときにもでてくるので、覚えておいてください）

それに対して、たとえばパソコンであつかう情報量は、たとえば、ギガバイトというのが、非常に大雑把にいって、10の10乗くらいだと考えられる。

かなりいい加減な見積もりだが、それでも、熱力学のエントロピーとパソコンでつかわれる情報のエントロピーの桁がだいぶちがうことがおわかりいただけるだろう。

僕が大学のときに教わったエントロピーの権威である杉本大一郎先生の著書から引用してみる。

現在の技術では、1ミクロン角のチップに100万ビットの情報量が記録される。これに対し、このチップが持っている熱力学的エントロピーは1000億ビットの程度である(ボルツマン定数の0.693倍を単位にして測った熱力学的エントロピーは、情報と同じビット単位で表される)。
(『エントロピー入門』杉本大一郎著、中公新書、94ページ)

ここでいわれている「現在」とは1985年のことなので、今では技術も進歩していて、情報量も桁ちがいに大きくなっているが、それでも、情報エントロピーと熱力学的エントロピーの大きさには歴然とした差があることは否めない。

だから、情報のエントロピーと熱力学のエントロピーが別物だと主張する人々は、大きさの差がありすぎるから同列には扱えない、といっているのである。

国家予算と個人の家計が同列には扱えないのと同じだ。それでも、お金はお金であり、エントロピーはエントロピーである。

情報を蓄えているメモリーを消去する作業が不可逆で熱が発生する。すなわち、エントロピーが増える。情報というと抽象的な何かだと思うから混乱が生じるのであって、情報や計算といえども、最終的には物理的な材料と部品によって操作されるのだから、同じエントロピーなのである。

シュレ猫談義

隊長「ビットとかバイトとか、全然、わからん」

竹内薫「パソコンの得意なエルヴィン、解説してくれ」

エルヴィン「0と1のふたつの状態がある場合の情報量をビットといいます。コインの裏表のようなものです。8ビットになるとバイトといいます。メガというのは、通常は100万のことで、10の6乗なのですが、パソコンの世界では、メガは100万よりも多くなります」

亜希子「どうして？」

エルヴィン「情報の単位が2なので、何事も2の何乗かであらわされるほうが便利だからです。ですから、キロという場合も、ふつうは1000を意味しますが、パソコンの世界では、1024になります。なぜなら、1000は2の何乗かできれいにあらわすことができませんが、1024なら、2の10乗になるからです。メガも同様に1048576をあらわします。これが2の何乗になるか、計算してみてください」

隊長「いやじゃのう」

亜希子「簡単じゃない。1024かける1024だから、2の20乗ね？」

エルヴィン「ご名答。さすが、暗算が速いですね。さて、ビットは、これまでの熱力学のエントロピーとち

第1章　マックスウェルの悪魔21

がって、底が２の対数であらわすので、たとえば、コインが３枚あって裏表が８＝２の３乗個 の組み合わせのとき

$$\log_2 2^3 = 3\text{bit}$$

などと計算するのです」

§熱力学と統計力学……ミクロでマクロは説明できるか

実は、この本を書き始めるまで、僕は、
「熱力学はマクロの現象論にすぎず、ミクロの状態を考察する統計力学に還元される」
という考えをあたりまえのように受け入れていた。

これは、ちょうど、化学がミクロの構造をあつかう量子力学に還元できるのと同じである。大きいものを、より基礎的で小さいものによって説明するのを「還元する」という。生物学は化学に還元され、化学は物理学に還元され、物理学そのものも素粒子論に還元され……ようするに、ギリシャ時代の原子論と同じ発想だといえる。

熱力学で熱の流入によってエントロピーが増大するという現象も、ミクロの視点から厳密に考えてみれば、ミクロの可能な状態が増えるということで説明がつく。ミクロの状態を数えるのは統計力学なので、ようするに、熱力学は統計力学に還元できる。

それがあたりまえだと思っていた。

ところが、熱の本を書くことになって、いろいろと参考

書を読みふけっているうちに、どうやら、事はさほど単純でないらしいことに気がついた。たとえば、手元にある熱力学の教科書には、こんなことが書いてある。

熱力学の対象となるのは、単に平衡状態の性質だけでなく、平衡状態の間の（許される範囲での）任意の操作による移り変わりとその際のエネルギーのやりとりなのである。操作の前後が平衡でありさえすれば、途中でいかに荒々しい非平衡の時間変化がおきても、熱力学は定量的に厳密に適用できる。しかし、現在完成している統計物理学では、このような荒々しい時間変化を含む問題には手も足もでない。（『熱力学　現代的な観点から』田崎晴明著、培風館、14ページ）

そして、素粒子論の大家でノーベル賞も受賞したワインバーグという物理学者でさえも、熱力学が統計力学に還元できると誤解しているのだと書いてある。

ワインバーグは、たしかに偉大な学者で、素粒子論だけでなく、宇宙論の専門家でもあるのだが、それでも、熱力学と統計力学の正確な関係について、まちがった認識をもっているのだろうか？

好意的に解釈すれば、ワインバーグは、原理的に還元できるであろう、という「原理」の話をしていて、一方、ここに引用した教科書では、そこまで還元できていない実情について語っているのだといえよう。

実際、素粒子論などをやっている物理学者のほとんどは、おそらく、ワインバーグと同じように、熱力学はすでに統計力学に完全に還元できている、と信じているのではあるまいか。

この問題は、やや哲学的だともいえるし、これ以上、深入りはしないが、熱力学と統計力学という古くさいイメージのある分野においてさえ、まだまだ未解決の問題が山積しているのだと知って、ちょっと驚いたような次第。

シュレ猫談義

隊長「わからん」

竹内薫「(欠伸《あくび》をしながら) なにが?」

隊長「熱力学の第一法則は、熱の出入りが内部エネルギーの増減と直結しているという意味なんだろう?」

竹内薫「熱と仕事の出入り」

隊長「仕事がない場合は、内部エネルギーは熱の出入りだけで決まるんだろう」

竹内薫「そうだよ」

隊長「熱力学の第二法則は、エントロピーが増大するというんだろう?」

竹内薫「そうだよ」

隊長「じゃあ、

$$dU = TdS$$

という式で、dS がどんどん増えるだけなんだから、内部エネルギーもどんどん増える。ということは、無からエネルギーが生まれることになる」

竹内薫「エルヴィン！」

エルヴィン「は！　隊長、それは、もっともな疑問です。ですが、増えるのは、あくまでも全体のエントロピーなのです。左右に分かれた部屋の例でもおわかりのように、たとえば、左右の部屋の温度がちがえば、熱が温度の高い部屋から低い部屋へ流れます。それによって、高温の部屋のエントロピーは減少し、低温の部屋のエントロピーは増加します。だから、部分部分をとってみれば、エントロピーは増えることもあれば減ることもあるのです。当然、高温だった部屋の内部エネルギーは下がって、低温だった部屋の内部エネルギーは上がります」

隊長「ナルホド。その際、左右の部屋を合わせた全内部エネルギーは、最初と同じだが、全エントロピーは増えるわけか」

エルヴィン「そういうことです。全体という表現は、誤解を生むかもしれません。熱力学では、孤立系という言葉をつかいます」

隊長「つまり？」

エルヴィン「つまり、箱に入っていて、外部との熱のやりとりもなく、ピストンなどの稼働部分もなくて仕事のやりとりもないような……孤立した系のことです……その孤立系全体としては、熱平衡に達するまで、エントロピーが増えるのです」

第2章

ちょっとエンジンをかける

§断熱と等温のグラフを理解する

断熱と等温については、すでにでてきたが、僕は、学校で熱機関（エンジンと冷蔵庫）を教わったとき、「カルノー図」がよくわからなかった。よくわからないというのは、腑《ふ》に落ちない、ということである。腑に落ちないと喉のあたりでひっかかっているのか、それとも、食道の途中で止まっているのか知らないが、知的な消化不良を起こしてしまう。

ところが、先生に質問しようにも、周囲の誰もが、したり顔でうなずいている情況で、ひとりだけ、

「先生、カルノー図、わかりません」

などと質問するのは、気が引ける。

だから、僕は質問をしないですませた。

過去の話はともかく、僕がわからなかったのは、カルノー図の意味以前に、あのグラフの４つの曲線が、

「なぜ、ああいう曲線でなくてはならないのか」

という点だった。

これも、劣等生ならではの疑問なのであって、おそらく、巷の優等生諸君は、いまだに、図がでてきた時点で完璧な理解に達するのだろう。

愚痴モードに突入する前に、前に進むことにすると、僕が抱いた劣等生的な質問とは、次のようなものである。

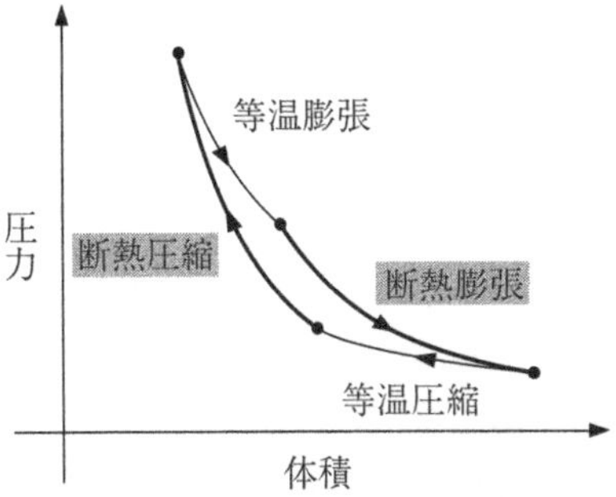

図26　カルノーサイクルの断熱過程

図26の太線部分は、どうして、断熱だとわかるのか？

同様に、図27の太線部分は、どうして、等温過程だとわかるのか？

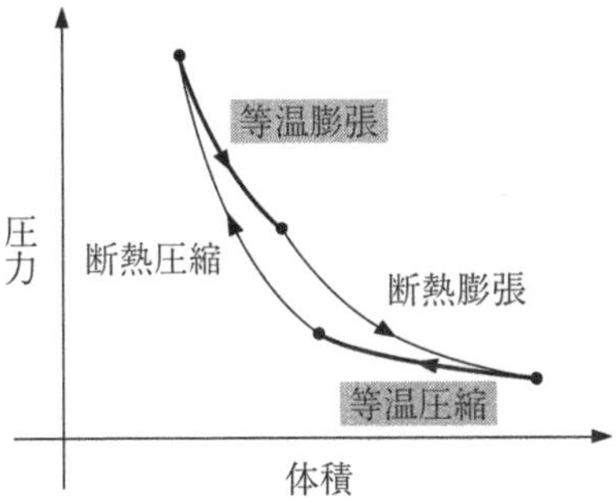

図27　カルノーサイクルの等温過程

なぜ、逆だったりしないのか？

そういう素朴な疑問である。

まあ、これは、わかってしまえばなんでもないのだが、実感するいちばんいい方法は、理想気体の式で考えてみることだ。

いや、別にたいしたことではありません。

$$PV = NkT$$

というお馴染みの式で、まず、「等温過程」からグラフにしてみる。等温とは、その名のごとく、温度が一定という意味である。だから、Tは定数なわけ。それで、シリンダーの中では粒子数のNも定数だし、ボルツマン定数kは初めから定数である。だから、等温過程では、変数は、圧力Pと体積Vだけということになる。その関係は？

$$P = \frac{NkT}{V}$$

ですよね。つまり、PとVは反比例の関係にあるのだ。（$y = 1/x$と同じ！）

だから、等温過程の曲線は、誰でも描くことができる。中学で教わった反比例のグラフを描くだけでいいのだから。

「断熱過程」については、こんなに簡単に理解することはできない。あまり、数式をいじりたくないので、ここでは、ちょっとずるいが、

「反比例の等温過程より傾きが急な線が断熱過程だ」

ということでお許し願いたい。

§超音速でピストンを押してみる

熱力学を学び始めると、誰でも躓《つまず》くのが「準静的過程」だ。そこで、これがいったい何を意味するのか、ちょっと考えてみよう。これは、力学で摩擦を無視したり、空気抵抗を無視するのと同じで、エンジンのピストンを押したり引いたりする際に、摩擦がなくて、しかも、エンジン内部の気体が乱れないで常に平衡状態を保てるように「ゆっくり、そろそろと」ピストンを動かすやり方のことである。

だが、そういったことを教科書で読むと、誰でも「ちょっと待てよ」といいたくなるものだ。なぜなら、現実のエンジンは、かなり高速で回転しているから、ピストンも「ゆっくり、そろそろと」動いているわけではない。だから、いくら理論とはいえ、現実とのあまりのギャップに頭の中が「？」マークで一杯になってしまうのだ。

この「準」は英語で quasi である。「クエーザイ」と発音する。天文学でクエーサーというのがあるが、あれは、日本語では準星という。点みたいに小さく見えたから星に準ずる天体という意味で準星という。

「静的」は英語で static。「スタティック」。たとえば力学でやる天秤の釣り合いの問題などは、静力学の問題である。空気や水の場合だったら、圧力が釣り合っているような情況。（ちなみに「動的」は英語で dynamic。「ダイナミック」）

というわけで、「準静的」な過程とは、完全に静的ではないが、それに準ずる情況なのだということが言葉の考察からわかる。

さて、ちゃんとした定義を物理学の教科書から拾ってみよう。僕の本棚にある本から抜き出してみる。

> 例えば、シリンダー内の気体の準静的な膨張とは、シリンダーの外部の圧力を気体の圧力よりも無限小だけ低くして、ピストンを押し上げる過程のことである。シリンダー内の気体は外圧と平衡状態を保って膨張することになる。ピストンの移動速度はほとんどゼロであるから、この過程には無限の時間がかかる。一般的には、このような準静的変化は平衡状態を保って無限の時間をかけて行われる変化である。（『エントロピーから化学ポテンシャルまで』渡辺啓著、裳華房、40 ページ）

これは、最近、購入した本だが、全般的にわかりやすく、特にエントロピーのところなどは、かなり参考にさせていただいた。

> **示量変数の時間変化が非常にゆっくりしているために、操作の途中でも系はいつでも平衡状態にあるとみなせるような極限的な操作**を想定することができる。このようなゆっくりした操作を、一般に準静的（quasistatic）であるという。（『熱力学　現代的な観点から』田崎晴明著、培風館、36 ページ）

すでにでてきたが、この本を読んで、僕は大いなる衝撃を受けた。なぜなら、熱力学の専門家と量子力学とか素粒子とかをやっている専門家とのあいだに大きな見解の相違があることを知ったからである。

さて、僕の本棚には、このほかにも何十冊も熱力学関係の本があるので、このようなランダムな引用を延々と続けていても埒《らち》があかない。

それで、なにがいいたいかというと、非常にいい教科書であるにもかかわらず、（劣等生である）僕には、あまりよくわからないということ。ピストンを無限の時間をかけてゆっくりと動かすというのが、あまりにも現実離れしていて、具体的なイメージがわかないのだ。

怒られると困るので、強調しておくが、ここにあげた教科書の記述は正確であり、また、よくわかるオススメ本なので、決して欠点をあげつらっているわけではない。くれぐれも誤解のないように。

それで、この話に関しては、もしかしたら僕が個人的にわからないだけかもしれないし、教科書の記述をうっかり見過ごしている可能性もあるが、ある英語の本を読んでいて、僕なりに劇的に「わかった！」と思ったので、それをそのまま引用してみたい。

To compress the gas non-quasistatically you would have to slam the piston very hard, so it moves faster than the gas can "respond" (the speed must be at least comparable to the speed of sound in the gas).（『An Introduction to Thermal Physics』Daniel V. Schroeder、Addison-Wesley、

21ページ）

翻訳してみよう。例によって竹内訳である。

気体を準静的でないしかたで圧縮するためには、気体が「反応」するよりも速くピストンをえいやっと押し込まないといけない。（その速さは少なくとも気体をつたわる音速くらいでないとだめだ）

ええ？　話がちがうじゃないか！

音速だって？　そんなに速くピストンを動かしていいのか！

こういうのを隠れた名著という。

みんなが「変だなぁ」と思いつつ、馬鹿だと思われるといけないから黙っているような素朴な疑問を鮮やかに解決してくれる書物。

シュレーダー先生、ありがとう。長年のもやもやとしたわだかまりが吹っ切れたような気がいたします。そんな手紙でも書いてあげたいですな。

この本は、実際、超オススメなのであって、正直に告白すると、僕もかなり熱力学の説明のしかたを参考にさせていただきました。英語ができる読者は、是非、手にとっていただきたい1冊である。

ようするに、これは、発想の転換なのである。

コペルニクス的転回。

押してもダメなら引いてみな。

コロンブスの卵——。

これまで、準静的過程に実感がともなわなかったのは、
「準静的過程とはなんぞや？」
という問いを発していたからだったのだ。

観点を変えて、
「準静的でない過程とはなんぞや？」
という質問をしてみれば、
「ピストンを音速で動かすこと」
という意外な答えがかえってきて、僕のような劣等生は、思わず「ユーレカ！」と叫んでしまうのでした。

それで、このシュレーダー先生の答えは、実は、その前に引用した２冊の教科書に書かれていることと、なんら矛盾しない。

たしかに、準静的な過程は、理想化された極限概念なのであって、無限にゆっくりとピストンを押すことによって、常に平衡状態が保たれているのである。平衡状態とは、わかりやすく言い換えると、ピストン内の気体の圧力がどこでも一定ということである。さらに言い換えると、超音速で飛ぶジェット戦闘機がだすような衝撃波が生じない、ということである。

だから、ふつうに音速以下でピストンを押したり引いたりするときは、近似的にではあるが、シリンダー内の圧力に目立ったバラつきはないから、ほぼ準静的だとみなしていいわけ。

音というのは気体の圧力波のことだから、準静的でないしかたでピストンを押すには、シリンダー内に圧力のバラ

つきを生じさせないといけない。つまり、音速かそれより速く叩きつけるように押し込まないといけない。ふつうに押したり引いたりしているぶんには、ほとんど問題は生じない。

教訓　準静的過程における無限に長い時間のことは通常は心配しないでよろしい

それでは、実際のエンジンでは、このへんの事情はどうなっているのか、もう少し、エンジンについて考えてみましょう。

注：原稿を書き終わってから、日本語の本で、音速で押さなければ準静的過程とみなしてよいという記述があるのをみつけました。『いまさらエントロピー』杉本大一郎著（丸善）。杉本先生には教養学科のときに天文学史を教わった覚えがある。いつも大きな黒めがねをかけていて、独特の関西弁の語り口が印象に残っている。この本の79ページに、

準静的というのは、音速に比べてゆっくりということだったのである。

と、はっきり書いてある。このほかにもあると思います。やはり、本はたくさん読まねばいかん。

§最大効率早わかり

と、エンジンのことを書くつもりだったが、ちょっと難しいことに気がついた。エンジンというのは、実に奥が深い世界で、世の中にも自動車産業をはじめとして、あらゆる種類のエンジンに関係した職業の人がいるわけで、素人の僕ごときが、しゃあしゃあとエンジンについて何かぶってもろくなことはない。

あくまでも物理学における熱の話をしているのであって、具体的なエンジニアリングの本なら、その道の専門家が書けばいいわけだ。

ということで、あくまでも原理的なことに限って、さらりと流すことにする。

お許しあれ。

まず、エンジンの原理だが、熱力学的には、図のように高熱源から熱をもらって、その一部を仕事に変換して、変換できなかった熱を低熱源へ逃がしてやるような装置のことだ。(**図28**)

それで、すぐに頭に思い浮かぶ素朴な疑問は、次のようなものであろう。

素朴な疑問　なぜ、入ってきた熱をすべて仕事に変換してしまわないのだ？

もちろん、それができないことを教えてくれるのが熱力学の第二法則なわけだが、ここら辺をちゃんと考えてみると、どうして、エネルギーだけでなくエントロピーという

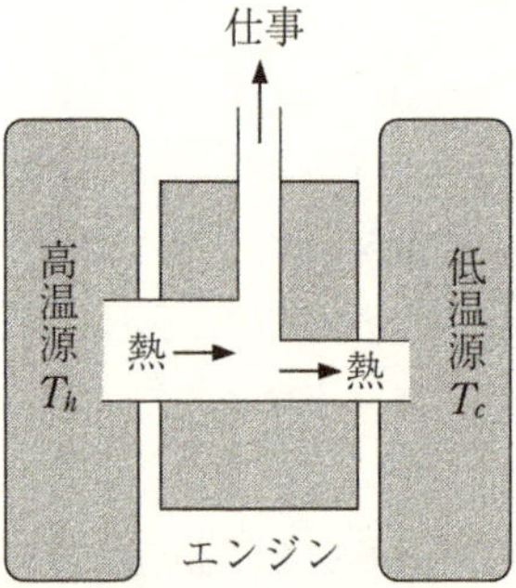

図28　エンジン（熱機関）の原理

図28、29　D. V. Schroeder『Thermal Physics』より一部改変

概念が欠かせないかが理解できるように思う。

　で、この疑問に対しては、次のように答えることが可能だ。

答え　それはサイクルの前後でエンジンの状態が変わっては困るからだ

　わからん。

　自分で答えておいてわからないとは困ったものだが、ちゃんとご説明いたします。

　エンジンの「サイクル」というのは、ようするに、

「エンジンが1回転すると、最初と同じ状態に戻る」

という意味である。そうでないと、回り続けることができない。もちろん、実際には、完全に同じ状態には戻らないのだが、少なくとも理想的なエンジンを考察する場合には、完全に同じ状態に戻らないといけない。

まず、エネルギーについて考えてみる。

エンジンが同じ状態に戻るためには、入ってきた熱と出ていった仕事（エンジンは外部に仕事をする！）と出ていった熱の収支勘定が合わないといけない。

入ってきた熱＝出ていった熱＋外部にした仕事

あたりまえの話である。記号で書くならば

$$Q_{\mathrm{in}} = Q_{\mathrm{out}} + W$$

ということだ。無からエネルギーは生まれないし、サイクルごとにエンジンの状態が変わってはいけないのだから、入ってきたエネルギーはすべからく出てゆかねばならない。

次にエントロピーである。

エネルギーとちがって、エントロピーは、無から生まれることがある。というと変な感じがするかもしれないが、系が自然と無秩序になってゆくというのは、エントロピーが増大するということであり、それも外部から余分なエントロピーが入ってこなくても増えるのである。エネルギーとちがって、エントロピーは、湧き出す源泉みたいなものなのだ。

だから、エンジンのもつエントロピーが不変であるためには、（無から生まれたぶんをよけいに排出してやらなければならないので）出てゆくエントロピーは、入ってくるエントロピーと同じか、それ以上でなくてはいけない。

熱が入ってくる高熱源の温度をT_{in}、熱が出てゆく低熱源の温度をT_{out}と書くと、エンジンに入ってくるエントロピーは

$$\frac{Q_{in}}{T_{in}}$$

であるし、エンジンから出てゆくエントロピーは

$$\frac{Q_{out}}{T_{out}}$$

なので

$$\frac{Q_{out}}{T_{out}} \geqq \frac{Q_{in}}{T_{in}}$$

でなくてはならない。途中でエントロピーが生成されなければ、等号が成り立つが、なんらかの理由でエンジンの中でエントロピーが生まれると、そのぶん、よけいにエンジンからエントロピーを排出しないと元の状態に戻らないから、入ってきたエントロピーよりもたくさんエントロピーを外に出さないといけないのだ。

この不等号は、だから、まさに、エントロピー増大の法則を忠実に反映している。エントロピーというのは、自然

に増えてしまうような代物なのだ。でも、エンジンの状態は不変に保たないといけない。

よろしいでしょうか？

この条件は、ちょっと式を変形すると

$$\frac{Q_{\mathrm{out}}}{Q_{\mathrm{in}}} \geqq \frac{T_{\mathrm{out}}}{T_{\mathrm{in}}}$$

と書くことができる。

さて、エンジンの「効率」というのは、ようするに、「入ってきた熱のうちのどれくらいが仕事に変換できるか」、という意味なので

$$\frac{W}{Q_{\mathrm{in}}}$$

である。

もしも入ってきた熱 Q_{in} のうちの半分が仕事 W に変換されるのであれば、効率は1/2、つまり、50%である。

それで、理論的な興味は、この効率が物理的にどれくらいまで良くなるかである。

エントロピーの考察から、どうしても外部にエントロピーを捨てなくてはエンジンが元の状態に戻らないので、外に排出する熱 Q_{out} はゼロにはできない。だから、どうしても取り出すことのできる仕事 W は、入ってきた熱 Q_{in} よりも小さくなってしまう。つまり、効率は100%にはなり

えない。

だが、いったい、どれくらいまで効率をあげることが可能なのだろうか。

それを見るのは簡単で、効率の定義に熱力学の第一法則と第二法則の式を代入するだけでいい。まず

$$Q_{\mathrm{in}} = Q_{\mathrm{out}} + W$$

を代入すると、効率の式は

$$\frac{W}{Q_{\mathrm{in}}} = \frac{Q_{\mathrm{in}} - Q_{\mathrm{out}}}{Q_{\mathrm{in}}} = 1 - \frac{Q_{\mathrm{out}}}{Q_{\mathrm{in}}}$$

と変形できる。次に、熱力学第二法則の式、すなわち

$$\frac{Q_{\mathrm{out}}}{Q_{\mathrm{in}}} \geqq \frac{T_{\mathrm{out}}}{T_{\mathrm{in}}}$$

を代入すると、効率の式は

$$\frac{W}{Q_{\mathrm{in}}} = 1 - \frac{Q_{\mathrm{out}}}{Q_{\mathrm{in}}} \leqq 1 - \frac{T_{\mathrm{out}}}{T_{\mathrm{in}}}$$

になる。

つまり、エネルギー保存の法則とエントロピー増大の法則のふたつを「エンジンはサイクルごとに元の状態に戻ら

なければならない」という条件と組み合わせると、最大効率が

$$1 - \frac{T_{\mathrm{out}}}{T_{\mathrm{in}}}$$

という恰好になることがわかるのだ。これは、あくまでも理論的な最大効率なので、実際のエンジンは、すべて、この効率よりも悪くなる。

この式をみてわかることは、高熱源が熱ければ熱いほど、低熱源が冷たければ冷たいほど、エンジンの効率は上がる、ということだ。たとえば、高熱源が400Kで低熱源が300K（夏の外気温！）だとすると、最大効率は、1/4、すなわち、25%になる。もしも、高熱源と低熱源の温度差がゼロだと、最大効率もゼロになってしまう。

熱源の温度差が大きいほどエンジンの効率は良くなる

ちなみに、ふつうの自動車のエンジンの場合、この最大効率の式に遠く及ばないが、ガソリンエンジンだと効率は20%から30%で、ディーゼルエンジンだと40%という効率のものもある。

シュレ猫談義

隊長「ようやく、エントロピーの頭で考えんといかん理由がわかりかけてきたが、ほかにも同じような例があるのか？」

竹内薫「エントロピー的な考察？」
隊長「そうじゃ」
上野シン「よくSFにでてくる太陽ビーム銃というのがエントロピーと関係するという話を聞いた覚えがありますが」
亜希子「なに、それ？」
上野シン「ほら、宇宙空間に巨大なパラボラ型の鏡を浮かべて、それで太陽光線を集めてビームにして敵を攻撃するやつ」
エルヴィン「あ、それは、いわゆる太陽炉のお話ですね？」
上野シン「そうそう、それ」
エルヴィン「たしかにいい例ですね。ようするに反射鏡をつかって太陽からくる光を焦点に集めて高温にするわけです。

その際、いくらでも高温にできそうですが、太陽から来る光は完全には平行でないので、そのすべてを完全に1点に集めることは原理的に不可能なのです。どうしても、焦点のあたりに太陽の像ができてしまうからです。

その結果、太陽炉でつくることのできる最高温度は、太陽の表面温度と同じ約6000Kなのです」
隊長「それのどこにエントロピーがでてくるんじゃ」
エルヴィン「以上は、太陽光線や太陽の性質をもとにエネルギーの頭で考えたのですが、かなり細かい条件を考慮に入れないと結論がでません。ところが――」

隊長「ところが？」

エルヴィン「ところが、エントロピーの考えをつかえば、温度が6000K以上にできないことはすぐにわかるのです」

隊長「どうやって？」

エルヴィン「ここの話は、前にでてきた杉本大一郎先生の本の請け売りなので、引用してみましょう。

反射鏡を使うだけで、外界には何の影響も残さないで、太陽という6000Kの熱源から、より高温でエントロピーの低い熱エネルギーを作り出すことができないのは、エントロピー増大の法則から直ちにわかることなのである。（『エントロピー入門』杉本大一郎著、中公新書、61ページ）

いかがでしょう？」

隊長「なんとなくわかったような気になった」

§状態図の見方

前節の話の運びを復習してみよう。

1. エンジンはサイクルごとに元の状態に戻らないといけない
2. 熱力学の第一法則と第二法則はエンジンにも当てはまる
3. エンジンの最大効率が求まる

きわめて単純だ。エンジンを動かすにはシリンダーの中になんらかの気体を入れないといけないし、その気体をさまざまに操作して仕事を取り出すわけだが、どんな気体をつかうかも、どんな操作をするかも知らなくて、それでも、エンジンの最大効率は求めることが可能というわけだ。

ここら辺がエネルギー保存の法則とエントロピー増大の法則の偉大なところです。

さて、それで、エネルギーとエントロピーだけでなく、エンジンの場合、体積、圧力、温度といった他の状態も元に戻らないといけない。これは、あたりまえの話であって、たとえばサイクルごとに温度が上がりっぱなしだったら、エンジンはオーバーヒートして止まってしまうだろうし、圧力が上がりっぱなしだったら破裂するかもしれない。

それで、そういったエンジンの状態は、1サイクルごとにグラフにすることができる。イラストとグラフを4コマ漫画（?）で見ることにしよう。

まずは、理論的な最大効率を達成することのできる「カルノー・サイクル」から。この仮想的なエンジンの中には理想気体が入っている。(**図 29**)

解説します。

1コマ目　高熱源から熱を取り入れて理想気体は等温膨張する

ここで、熱が入ってくれば温度 T が上がりそうなものだ

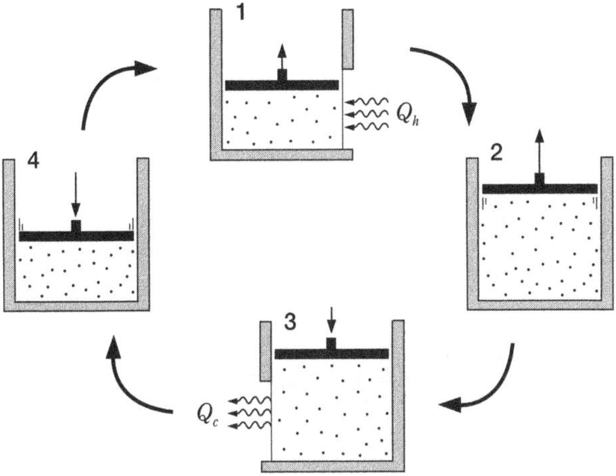

図29　カルノーサイクル・エンジンの過程

が、もちろん、それを相殺《そうさい》するように気体が膨張するから、温度は一定に保たれている。だから、「等温」膨張。でも、熱が入ってくるから、エントロピー S は増える。

この章の最初にやったように、理想気体で温度が一定の場合、圧力 P と体積 V は反比例する。いまは気体が膨張しているのだから、体積 V は大きくなる。ということは、圧力 P は減少する。

1コマ目は、これで問題なく理解できた。

ここで、ふたつのグラフであるが、まず、PV グラフのほうは、線の下の部分が「仕事」をあらわしている。ピストンが外部にする仕事である。（図 30 − 左）

TS グラフのほうは、線の下の部分が「熱」をあらわして

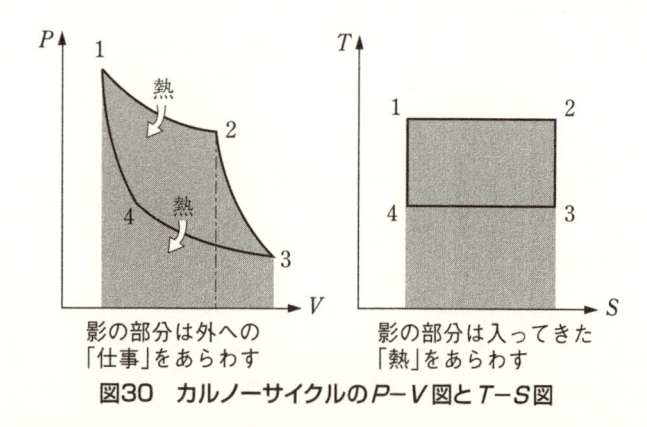

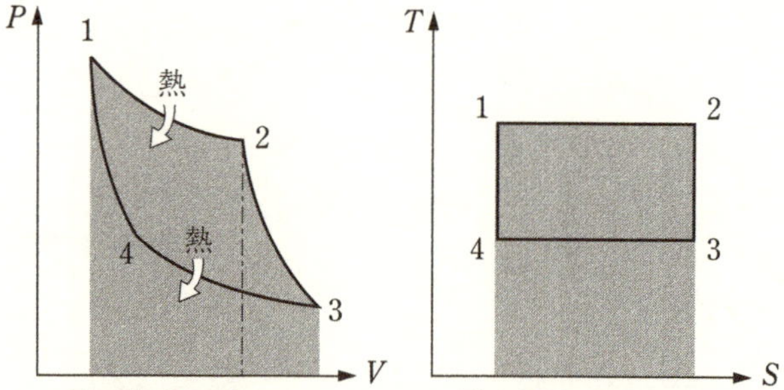

影の部分は外への「仕事」をあらわす

影の部分は入ってきた「熱」をあらわす

図30　カルノーサイクルの*P*–*V*図と*T*–*S*図

いる。外部からエンジン内に入ってきた熱である。（**図30－右**）

2コマ目　断熱膨張

熱源を切り離して、外部との熱のやりとりをなくすが、気体はそのまま膨張を続ける。今度は温度が下がることに注意。急激に圧力が下がり、体積は増える。

やはり、*PV*グラフの線の下の面積は、ピストンが外部に対しておこなう仕事をあらわす。

ただし、*TS*図の線は縦に一直線なので、温度だけが変化してエントロピーは一定であることがわかる。熱の出入りがないからである。断熱膨張は、だから、等エントロピー膨張と言い換えることができる。

あれ？　でも、なんか変だゾ。だって

$$S = \frac{Q}{T}$$

という式で温度Tが下がったら、Qが一定なので、エントロピーSは上がるはずでは？

いえいえ、ご心配には及びません。この式は、ちゃんと書くと

$$\Delta S = \frac{Q}{T}$$

なのであって、熱の出入りがないというのは、$Q = 0$という意味なのです。だから、$\Delta S = 0$。つまり、エントロピーの増減がない。というわけで、等エントロピー膨張という次第。

3コマ目　低熱源に熱を排出して理想気体は等温圧縮される

これは、1コマ目と逆の動きだといえる。

*PV*グラフの線の下の面積は、あいかわらず「仕事」であるが、今度は、ピストンが外部からされる仕事なので、1コマ目とは符号が逆になることにご注意ください。体積Vが減少しているのだから。

*TS*グラフからは、外部に排出した「熱」がわかる。やは

り、1コマ目とは、熱の符号が逆であることにご注意ください。熱を取り込むのではなく排出しているのだ。

4コマ目　断熱圧縮

これは、2コマ目の逆。

もはや、説明は不要だろう。

というわけで、4コマ漫画を続けてみると、最初の2コマで外部に仕事をするが、あとの2コマで逆に外部から仕事をされてしまうので、差し引き、*PV* グラフの線で囲まれた内部が実質的な（外部への）仕事量であることがおわかりだろう。

同様に、*TS* グラフの線で囲まれた内部は、エンジン内部に取り込まれた正味の熱量をあらわしている。

熱力学の教科書をご覧いただくと、このカルノー・サイクルの効率は、前節で求めた最大効率になることがわかる。その意味で、理想的なエンジンなのである。だが、最大効率を達成するためには、等温膨張と等温圧縮は、とてもゆっくりとおこなう必要があるので、もちろん、理想的であるとともに非現実的でもあり、実用性はない。

シュレ猫談義

隊長「*PV* グラフは仕事で *TS* グラフは熱をあらわすのか」

竹内薫「同じだけどね」

隊長「？？？」

亜希子「熱力学第一法則があるからでしょ？」
エルヴィン「そのとおりです」
隊長「わからん、説明せい」
エルヴィン「外から入ってくる正味の熱を Q、外からされる仕事を W とあらわすと

$$\Delta U = Q + W$$

というのが第一法則、すなわち、エネルギー保存の法則でした」
隊長「それは前にやった」
エルヴィン「ところが、１サイクルでエネルギーは増えもしなければ減りもしないので、左辺のエネルギー変化はゼロです」
隊長「そりゃそうだ」
エルヴィン「ということは？」
隊長「Q は（$-W$）となって、外にした仕事と同じか……入ってきた熱量と出ていった熱量の差が仕事なんじゃから、あたりまえだのう」
竹内薫「あんたが質問したんだろ！」

§エンジンいろいろ

カルノー・サイクルは理想エンジンなわけだが、逆回転させると冷蔵庫になる。なぜなら、逆に回転させることによって、低熱源からさらに熱を吸い取って、それを高熱源に排出するからである。もちろん、低熱源というのは、冷

蔵庫の中のことであり、高熱源というのは台所の空気ということになる。そして、エンジンと逆なので、差し引き、外に仕事をするのではなく、外から仕事をしてやらなければならない。その外からする仕事というのは、もちろん、コンセントから冷蔵庫に送られる電力のことである。

冷蔵庫は「逆」エンジンである

まあ、どこにでも書いてあるような事柄だが、この本は、プロ向けではなく、あくまでも、
「むかし熱力学とか教わったけど、いまいち、わかんなかったな」
というような漠然とした不満を抱えている読者向けに書いているつもりなので、ご承知ください。

さて、カルノー・サイクルの動きをみていると、外部の高熱源から熱を取り入れて外部の低熱源にその一部を排出して、その差の部分を仕事に変換しているのだ。熱を外から取り入れているので、「外燃」機関と呼んで差し支えないだろう。

だが、ふつうの自動車のエンジンは、外部から熱を取り込むわけではない。シリンダーの中で気体を爆発させて、一気に大量の熱をつくりだしてしまう。つまり、エンジン内部で熱を生成するという意味で、ふつうのエンジンは「内燃」機関なのだ。

だが、熱の氏《うじ》素《す》性《じょう》を探偵のように追ってもしかたない。熱であることには変わりないのだから、その出生の秘密は

不問に付して、あたかも熱が外部からやってきたかのごとく考えることにする。

だから、ふつうのエンジンの場合でも、その理論的な限界は、これまでの考察で明らかなのだ。

そろそろ、話が具体的なエンジニアリングに近くなってきて、そうなると、次第に苦しくなってボロが出始めるので、エンジンの話は、ここら辺で切り上げることにしたい。しつこいようだが、この本はエンジンのマニュアルではないので、お許しあれ。

で、最後に、ふつうのエンジン（オットー・サイクル）の4コマ漫画を載せておきます。ご鑑賞ください。（**図 31**）

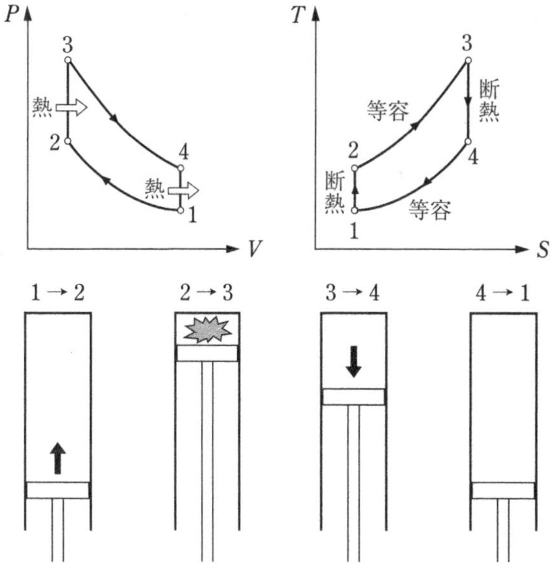

図31　オットー・サイクルの*P*−*V*図と*T*−*S*図

シュレ猫談義

亜希子「一時期、話題になったスターリングエンジンって？　ちょっと説明が欲しいわ」

竹内薫「ぐう」

隊長「ふ、都合が悪くなると、すぐにこれじゃ」

上野シン「スターリングエンジンって、たしか、夢のエンジンだって聞いた覚えがある」

エルヴィン「仰せのとおりです。ガソリンエンジンやディーゼルエンジンなどの内燃機関とちがって、スターリングエンジンは外燃機関なのです。そして、カルノー·サイクルとちがって、断熱過程ではなく、等容過程が含まれるのが特徴です（**図 32**）」

亜希子「断熱過程は、言い換えると等エントロピー過程のことね？」

エルヴィン「そうです。それで、スターリングエンジンでは、内部の気体が蓄熱器を通ってシリンダー内の熱い部分と冷たい部分のあいだを移動する際、気体の体積、つまり、容積が一定のままなので、容積が等しい過程、という意味で等容過程というのです。こればかりは、吾輩がいくら言葉でご説明申し上げてもせんなきこと。どうか、4 コマ漫画をにらみながら、たしかにピストンが動いて外部に仕事がおこなわれることをご自身でご確認ください」

隊長「ぐう」

上野シン「やれやれ、隊長さんも脱落か」

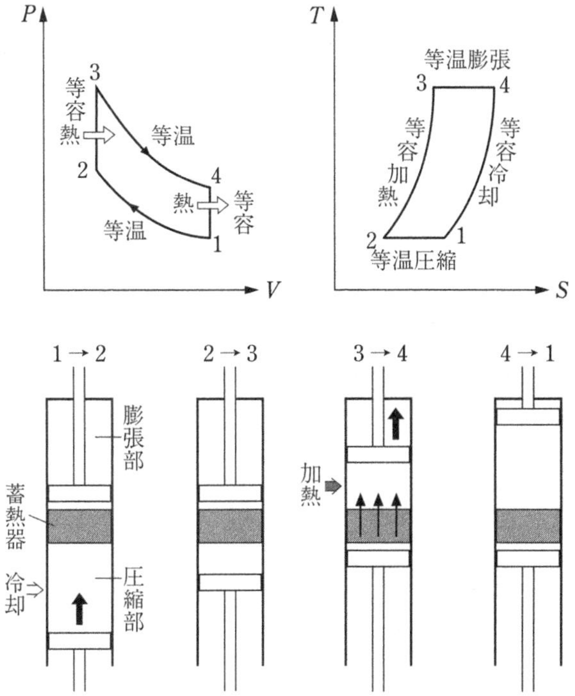

図32　スターリング・サイクルの*P*−*V*図と*T*−*S*図

エルヴィン「スターリングエンジンは、カルノー・サイクルと同じで最大効率を達成することが可能です」

亜希子「へえ、そうなんだ」

エルヴィン「このほかにも、カルノー・サイクルと同じ最大効率を達成することのできるエンジンとして、エリクソン・サイクルというのもあります」

上野シン「やれやれ」

エルヴィン「3 つの理想サイクルの特徴をまとめておきます。

カルノー·サイクル　2 つの等温過程と 2 つの等エントロピー過程（＝断熱過程）

スターリング·サイクル　2 つの等温過程と 2 つの等容過程

エリクソン·サイクル　2 つの等温過程と 2 つの等圧過程」

亜希子「ぐう」

第3章

溶鉱炉とブラックホールの黒い関係

§熱には放射もある

マックスウェルの悪魔の現代的な「顔」は、なにも、パソコンの中にだけあるわけではない。

驚くべきことに、

「遠い宇宙のどこかにあるブラックホールにも悪魔が潜んでいる」

という説があるのだ。

だが、ブラックホールとマックスウェルの悪魔の関係を論ずるには、まず、放射について語る必要がある。

第１章で、熱には３種類あるといった。

覚えていらっしゃるだろうか？

そう、伝導と対流と放射の３つだ。

このうち、これまでは、おもに伝導による熱の現象をあつかってきた。伝導にもさまざまな種類があるが、主役となるのは、分子の運動である。分子が熱の伝導の担い手だった。

ところが、ブラックホールの話は、伝導ではなく放射の部類に属する。そして、放射の担い手は、分子ではなく、光子なのだ。

うん？　光子ってなんだっけ？

光子とは電磁波のことである。ただ、量子力学を考慮すると、電磁波は「波」であると同時に「粒」でもあることになるので、その粒子性を前面にだして考えるときは、「光子」と呼ぶのである。英語では photon（フォトン）である。それで、ラジオやテレビで電波を受信している情況は、正確には、

「波長が１ミリより長い電磁波を受信している」
というべきなのだ。（通常は１ミリよりずっと長い！）

人間が色を見ているときは、
「波長が0.0004ミリから0.0007ミリくらいの電磁波を見ている」
というのだ。

電磁波は波なのであるから、波長で考えてもいいが、振動数（＝周波数）で指定してやってもかまわない。波長λと振動数νとのあいだには

$$\lambda = \frac{c}{\nu}$$

という関係がある。cは光速。おおまかにいって、逆数というか反比例の関係にあるのだと考えてください。

以下、この本では、波長で話をすることもあれば振動数で語る場合もある。気にくわない人は、この変換式に入れて、いちいち、変換してみてください。

さて、粒子にはエネルギーEがあり、波には振動数νがあるのだが、光子の場合、エネルギーと振動数は比例する。

$$E = h\nu$$

という具合に。これは、アインシュタインが発見した式である。この比例係数のhは「プランク定数」で、量子力学にでてくる定数（数値は付録の１にあります）。

それで、同じ「子」がついていても、分子と光子には、かなりのちがいがある。いくつか、重要ポイントをあげてみよう。

1. 分子は重なることができないが光子は重なることができる
2. 分子どうしは衝突するが光子どうしは衝突しない
3. 分子は数が一定だが光子は数が不定である
4. 分子の速度はバラバラだが光子は常に光速で飛ぶ(真空中では)
5. 分子には重さがあるが光子には重さがない

まず、ポイント1と2から。

光子は粒子であるとともに波なのだが、波には、正面衝突してもすり抜けられるという奇妙な性質がある。これは、お風呂に入って波をたててみればすぐにわかる。そして、衝突の瞬間、波の高さは倍になるだろう。なぜなら、ふたつの波が重なったからだ。

だから、光子は、椅子とりゲームで同じ椅子に何人も座ってしまったような状態で空間の同じ位置を占めることができる。そして、互いにぶつかりそうになっても、そのまますり抜けてしまって衝突で跳ね返ったりはしない。

まるで幽霊みたいだ。

この時点で、もはや、理想気体のエントロピーの式が光子に適用できないであろうことは予測がつく。たとえば、分子の場合、空間の位置（配置）を考えて重複度を計算して、サッカー－テトロードの公式がでてきたのだが、その前提として、分子どうしが同じ場所にはない、という暗黙の了解があった。だが、光子の場合は、光子どうしが寸分たがわぬ場所にあってもかまわないのだ。また、理想気体では、分子どうしが衝突するのだが、光子どうしは衝突しない。

ポイントの３も変ですね。

ある限られた空間の中に理想気体を閉じこめておいても、その分子数は変わらない。穴でもあいていない限りは。

ところが、光子の場合、そもそも、
「箱の中にいくつの光子が入っているのか？」
という質問は厳密には意味をなさないのだ。

光子は、箱の表面にぶつかって吸収されたり生成されたりする。箱の表面は分子からできていて、そこには電子があるので、この反応は、模式的に

$$e \leftrightarrows e + \gamma$$

と書くことができる。「e」は電子で、「γ」は光子だ。こんな反応が起きてしまうので、光子の数は驚くべきことに「不定」なのである。

もちろん、それでも、光子の平均数を論ずることはできるし、実用上は、光子の数の計算だっておこなう。だが、もはや、分子のように小さな剛球という素朴なイメージだけで光子を扱うことはできないのである。

電子と反応するということは、光子は、原子や分子、ひいては「物質」と反応するということだ。だから、ふつうの温度計に光子を当てれば、その温度を測ることができるであろう。当然、光子にも「温度」や「エントロピー」を考えることができる。

この本ではほとんど関係ないが、気体分子運動論などを勉強するときには、分子の速度の分布が問題になる。ポイントの4であるが、光子は、常に光速で飛んでいる。そして、常に光速で飛ぶということは、光子の重さがゼロだということと関係している。

便宜上、分子と同じように光子がたくさん箱の中を飛び回っている状態を「光子気体」と呼ぶ。

注：光子どうしもきわめて低い確率でぶつかるが、ほとんど無視できる。詳しくは量子電気力学の教科書をご覧ください。

§理想気体と比較してみよう

理想気体と光子気体を比べてみよう。箱の中に気体が入っている情況をご想像ください。

といっても、数式を書いて見比べるだけ。

まず、内部エネルギーの式だが、

理想気体

$$U = \frac{3}{2}NkT$$

光子気体

$$U = \frac{8\pi^5}{15(hc)^3}(kT)^4V$$

となる。

ただし、理想気体は単原子気体とした。（たとえば、原子がふたつくっついている酸素O_2なら、係数が3/2ではなく5/2になる）

光子気体の式は、やけに複雑に見えるが、実は、そうでもない。いちばん大きな特徴は、

光子気体の内部エネルギーは温度の４乗に比例する

ということだ。理想気体は温度の１乗に比例するので、これは、大きなちがいである。

たとえば、台所のオーブンの温度を２倍にすると調理エネルギーは16倍になる。温度を３倍にすると調理エネルギーは81倍になる！

光子気体の式のもうひとつの特徴は、エネルギーが体積Vに比例している点だ。

あれ？　粒子数Nはどこへいったのだ？

これは、大まかには、粒子数 N と考えていいのです。それで、どうして温度の4乗になるのか、直観的に説明してみよう。例によって、僕の得意な、さほど正確ではないが、さほどいい加減でもない、理解のための便法だとお考えあれ。

こうやる。

光子気体の内部エネルギーも NkT に比例するであろう。さて、N は「1 + 2 = 3」というように足すことのできる量だが、粒子数 N に近くて足すことのできる量となれば、体積 V が思い浮かぶ。だが、体積は長さの3乗の次元をもっているけれど、N は次元がないので、光子の波長 λ をつかって次元を合わせてやる。こんなふうに。

$$U \propto NkT \rightarrow \frac{V}{\lambda^3} kT$$

それで、波長 λ は、振動数 ν の「逆数」であり、アインシュタインの関係式とエネルギーが kT くらいの大きさであることをつかうと

$$\lambda = \frac{c}{\nu} = \frac{ch}{h\nu} \propto \frac{ch}{kT}$$

と大まかに見積もることができるので、最終的に

$$U \propto \frac{(kT)^3}{(ch)^3} kTV$$

という恰好になることがわかる。

この考察のどこがいい加減かというと、次元解析をしているだけなので、ちゃんとした係数はでてこない点である。また、NがVに比例するというのも、この説明だけでは腑に落ちない。

だが、「kT」の４乗のうちの３乗が「波長」からきていると考えると、どうして、光子気体の場合に内部エネルギーが温度の４乗に比例するのかが定性的に理解できるだろう。

物理学科の学生と他学部の学生の大きなちがいは、数学の知識よりも、こういう「泥臭い」次元解析のような「物理センス」にあるといっても過言ではない。物理学科の学生は、なんでも、こうやって「見積もる」のである。

もう少しあとで、ホーキングのブラックホール熱力学について、同様の見積もりをやってみます。そちらのほうは、もうちょっと説得力があると思うので、しばし、ご辛抱のほどを。

それにしても、さっきは、光子は数が不定だといったのに、どうして、粒子数を考えることができるのだろう？　いや、ある意味、不定だからこそ、内部エネルギーの式がNではなくVに比例しているのです。もちろん、そのVを求めるときに、VがNに比例するという考えをつかっているのだから、ちょっと気持ち悪いが、大まかにNが決まるとしても、常に生成と消滅によってNはゆらいでいるので、変動のない物理量である体積Vがつかわれているのだとご理解ください。

§オーブンの中にはどんな種類の光子がいるのか

黒体放射について説明しよう。

黒体は英語でblack body（ブラックボディ）。昔、学校で教わりませんでしたか？

「白は光が反射されて黒は光が吸収される」

と。

たしかに、それでいいのであるが、黒は、なにも光を吸収しっぱなしというわけではない。黒は、たしかに光を吸収するが、そのあと、放射しているのである。それが「黒体放射」。

では、どうして、人間の目にみえないのかといえば、それは、日常生活では、黒体放射の波長が長すぎて、可視光の範囲に入ってこないからなのだ。でも、目にみえなくても、ちゃんと放射はある。その証拠に、黒い物体を太陽のもとにおいておくと、暖かくなるではないか？　あれは、赤外線がでているのだ。ほら、冬にかかせない赤外線ストーブと同じ赤外線。

じゃあ、黒体放射の温度がもっと高くなったら、目にみえるのかといわれれば、当然、みえます。

剛体の分子を集めて理想気体なるものを考えたのと同様、光子の吸収と放射の際には完全黒体なるものを考える。

黒体というのは、もともと、ドイツで溶鉱炉の研究から生まれた概念だ。ビスマルクといえば、いまではサッカーのＪリーグの選手を思い浮かべるかもしれないが、

「鉄は国家なり」

の言葉で有名なプロイセンの宰相ビスマルクのことを歴史の時間に教わったのを思い出していただきたい。

それで、なんでドイツなのかと疑問に思われる若い読者もいるかもしれないが、1800年代後半のドイツは、当時の先進国であったイギリスに追いつけ追い越せとがんばっていたのだ。当然のことながら、そういう勢いが1900年代の初めにアインシュタインなどのすぐれた物理学者がドイツから輩出した背景にある。僕の曾おじいさんも、明治時代のことだが、新日鐵の前身の八幡製鉄の技師長をしていて、ドイツに留学して溶鉱炉の作り方を教わって帰国した。いまの若い人には想像もつかないだろうが、だから、いまでも理科系の人の第二外国語がドイツ語であることが多いのです。

とにかく、1800年代の最後の数十年のあいだに、良質の鉄をたくさんつくる必要にせまられて、黒体放射の研究は飛躍的に進んだわけ。

だが、なんで、溶鉱炉と黒体なのか？　溶鉱炉の研究をするのなら、理想溶鉱炉を考えればいいではないか？　どうして、完全に黒い物体など研究する必要がある？

もっともな質問です。

実は、「理想溶鉱炉」に穴をあけて中の温度を測って鉄の状態を調べるのと、穴と同じ形をした「完全黒体」の研究

をするのとは同じなのだ。なぜか？

それを理解するために、図 33 をご覧ください。

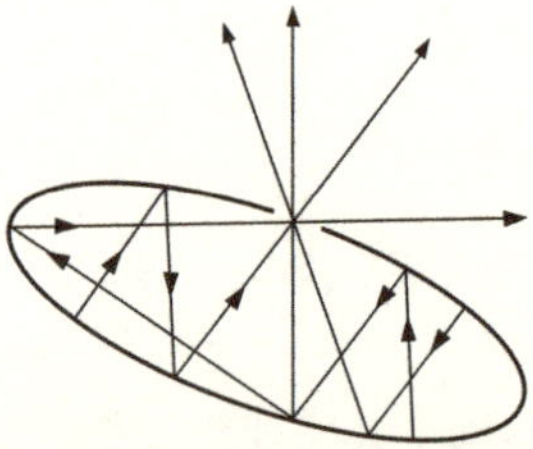

図33　溶鉱炉は完全黒体

完全黒体というのは、ようするに、どんな光子（電磁波）でも一度は吸収してしまうようなもののことである。吸収すると、その光子のもっていた情報の多くは失われるから、鏡のように姿を映して化粧をするのにはつかえない。

理想溶鉱炉に検査用の小さな穴をあけてみよう。そこに外部から光が入射するとどうなるだろうか？

図から明らかなように、炉の中で何度も反射しているうちに、いつかは炉の壁に吸収されてしまうにちがいない。つまり、理想溶鉱炉の穴は、物理的には、完全黒体と同じなのである。

溶鉱炉の穴は黒体と同じ

さて、この結果があたりまえの人もいれば、空洞と黒体が同じことに衝撃を覚えた人もいるだろう。

しつこいようだが、吸収されると、「その」光子は実体としては消えてなくなる。そして、溶鉱炉の壁からは、「別の」光子が放出される。最初に吸収された光子と、あとから放出された光子のあいだには、直接の関係はない。それどころか、「その」とか「別の」などという言葉遣いそのものが、あまり正確ではなかったりする。

比喩的な説明だが、たとえばコップに水を入れておく。蛇口から水を注ぎ続けると、やがて水はあふれてしまう。その際、蛇口からコップに落ちる水とコップのふちからあふれ出る水とは別の水である。だけど、入る量と出る量が同じなので、コップは常に満杯である。

水を光子に、コップを黒体（溶鉱炉の壁）に置き換えてイメージしてみてください。

次に進もう。

とりあえず、溶鉱炉に小さな穴をあけて、そこから中をみることによって、鉄のおかれている状態をできるだけ正確に把握したいのだ。それには、黒体放射と温度の関係を知る必要がある。たとえば温度が2000℃くらいだと灼熱ならぬ赤熱であって、もっと温度が高くなって4000℃くらいになると鉄の色は青みがかる。

とはいえ、赤熱の状態の放射に含まれている光子の100%が「赤」の波長をもっているわけではない。他の波長も含まれているが、相対的に赤の波長の光子が多いから赤く見えるのである。

ここで、ふたつのグラフをご覧ください。（**図34**）

赤熱の場合と青熱の場合である。

ただし、波長ではなく、その逆数の振動数を横軸にしてある。（波長と振動数をまぜこぜにつかうが、あしからず。

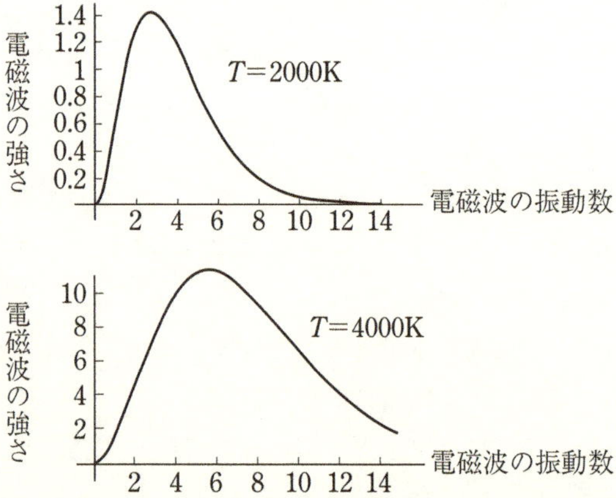

図34　黒体放射の形（目盛りは便宜的なもの）

振動数が大きいと波長は短い。振動数が小さいと波長は長い。反比例の関係ですから）

それぞれのグラフのピークは、赤と青の振動数に一致している。

温度が高くなるとグラフの高さも高くなる。これは、つまり、温度が高いほどエネルギーを運ぶ光子のエネルギーも大きくなることを意味している。言い換えると電磁波が強くなるのである。

それで、ポイントは、このふたつのグラフの恰好が同じこと。温度がちがうとピークの位置も高さも変わるけれど、分布の恰好は同じ。この黒体放射の分布のことを「プランク分布」と呼んでいる。

この恰好の分布がでてきたら、それは「黒体放射」なのだ。（**図35**）

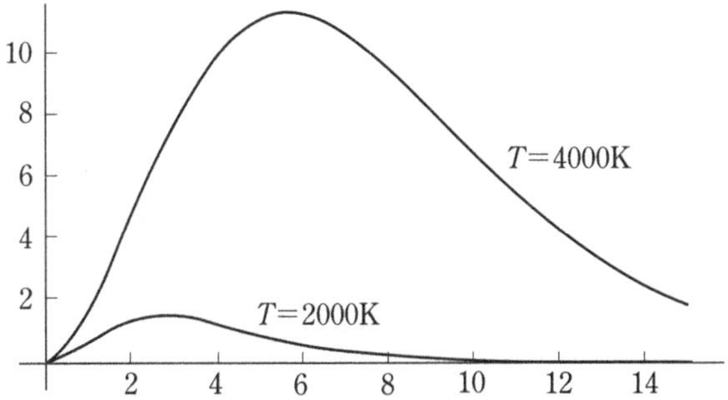

図35　温度が高くなると黒体放射の強度は大きく、ピークの振動数も大きくなる

注：ここに出てきた2000℃とか4000℃というのは、黒体放射の「ピーク」の温度である。だから、理論的な説明のために便宜上つかった数値であり、たとえば、鍛冶屋さんが経験的に知っている色と温度の関係とは大きく異なる。鍛冶屋さんに訊けば、刃物の形を作るときが輝白色で、焼き入れが輝桜赤色で、焼き鈍（なま）しが暗桜赤色というような応えが返ってくるだろう。温度は、それぞれ、1300℃、800℃、700℃が目安である。これは、グラフでいえば、黒体放射のピークではなく右の「裾野」の可視光の部分を見ていることにあたる。

シュレ猫談義

隊長「理想気体の場合、箱に穴をあけたら、温度の高い部分から先にでてくるじゃろ？」

竹内薫「でしょうね。動きの速い分子のほうが飛び出す確率は高いから」

隊長「ということは、飛び出た分子は、偏っておるから、必ずしも箱の中の情況を正確には反映しておらんことになる」

竹内薫「穴から覗いただけではそうでしょうね、元気のいい子供から先に教室を飛び出すからね」

亜希子「なんのこっちゃ」

隊長「それなら、溶鉱炉から飛び出る光子も、必ずしも内部の情況を正確に反映しておらんのじゃないかの？」

竹内薫「（不敵な笑みを浮かべる）ふふふ」

隊長「なんじゃ、その間の抜けた面《つら》は？」

竹内薫「あのな」

エルヴィン「隊長、前の前の節でやりましたが、

4．分子の速度はバラバラだが光子は常に光速で飛ぶ（真空中では）

というのを思い出してください」

隊長「あん？」

亜希子「わかった！　光子は分子とちがって、どんな光子でも速度が同じだから、波長がちがっても飛び出る確率は同じ。つまり、穴からでてきた光子たちは、そのまま、内部の分布を正確に反映しているんだわ！」

§宇宙は溶鉱炉の中と同じ？

1965年にペンジアスとウィルソンというベル電話研究

所の電波天文学者たちが世紀の大発見をした。

いまはベル研究所だが、当時はベル電話研究所という名前だった。もちろん、電話の特許を取った、アレキサンダー・グラハム・ベルの「ベル」である。ここは、世界有数の科学研究所として有名だ。だが、電話の研究だけしていると思う人が多かったのか、いつのまにか「電話」の部分は名称から削除されたようですね。

閑話休題《それはさておき》。

ペンジアスとウィルソンたちは、「宇宙背景放射」(cosmic background radiation)をみつけたのである。しかも偶然に。宇宙背景放射は、マイクロ波の領域で発見されたことから、「宇宙マイクロ波背景」(cosmic microwave background) と呼ばれることもある。

これは、黒体放射である。(**図 36**)

いくつか説明が必要だろう。

まず、「背景」という言葉である。バックグラウンド。こ

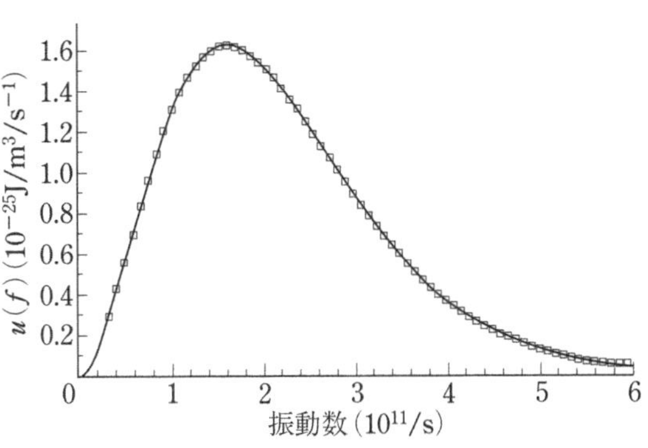

図36　宇宙背景放射は黒体放射だ

れは、絵画を思い浮かべるとよくわかる。絵画には前景と背景がある。前景はフォアグラウンド（foreground）であり、背景はバックグラウンドである。宇宙にはさまざまな放射が満ちあふれている。太陽は光を放射しているし、クエーサーは電波を放射している。銀河の中心には巨大ブラックホールがあって、周囲の星間ガスを吸い込む際に強烈なγ線の放射がでている。そのほかにもさまざまな天体がさまざまな放射をしている。天文学者たちは、光学望遠鏡だけでなく、赤外線やγ線や電波の「眼」で星空を観測している。そういうさまざまな放射が「前景」なのだとすると、ペンジアスとウィルソンが発見したのは、陰に隠れた「背景」だったのだ。

背景はぼやけていて目立たない。場合によっては、淡い色が薄く塗られているだけかもしれない。

それと同じで、宇宙背景放射も地味で目立たない。光り輝く主役の星々の陰に隠れて、ひっそりと放射を続けている。

驚くべきことに、この背景放射は、黒体放射の恰好をしているのだ。黒体放射というのは、言い換えると、空洞放射である。溶鉱炉の中と同じ状態である。溶鉱炉の中が黒体放射だというのは、ようするに、放射にムラがない、という意味である。

そりゃそうだ。溶鉱炉の中の放射にムラがあると、温度差が生じて、製品にバラつきがでてしまう。

ペンジアスとウィルソンが発見した放射は、だから、黒体放射の単一の温度をもっている。その温度は、約2.7Kである。これを「宇宙マイクロ波背景」と呼ぶ。

宇宙黒体放射は 2.7K の黒体放射である

つまり、われわれは温度が2.7K の溶鉱炉の中にいることになる。

だが、待てよ、2.7K というのは、摂氏に換算すると約マイナス 270℃ではないのか。いくらなんでもマイナス 270℃の溶鉱炉はないだろう。

実は、これは、むかし熱かった溶鉱炉が冷えた状態を目撃しているのだ。

ビッグバン宇宙論にもさまざまなバリエーションがあるが、いまのところ、ほとんどの宇宙物理学者と天文学者の意見が一致しているのは、熱かった宇宙が膨張するにつれて冷えた結果、現在のような姿になった、ということである。光子の場合、理想気体と計算は同じではないが、断熱膨張すると温度が下がる、という点は一緒だ。

どうして断熱膨張なのか、なぜ、等温膨張ではいけないのか？

それは、宇宙という名の入れ物に「外」がないからである。宇宙というのは、そもそも、自己完結していて、その内部しか考えることができないようなもののことである。もしも、「外」があって、その外から熱が出入りするのであれば、その外の環境もひっくるめて「宇宙」と呼ぶべきなのだ。実際、太陽系には「外」があるから、太陽系だけでは宇宙にはならない。銀河系にも「外」がある……てな具合に、どんどん領域を拡げていって、もはや「外」がなくなったときに、その広大な領域を「宇宙」と名づけるのである。

これは、言葉遊びではありません。なお、外がないような宇宙をいくつか用意して、それを縫い合わせたりすることは理論的に可能だ。

さて、ペンジアスとウィルソンが発見した宇宙の黒体放射は、おおまかにいって、100億年以上も前に宇宙が3000Kの「溶鉱炉」だった時代に生まれた。だが、宇宙は膨張しているので、いまでは、黒体放射の恰好はそのままで、温度が2.7Kまで下がったのである。

いや、むしろ、話は逆なのだ。

ペンジアスとウィルソンの発見した宇宙背景放射こそが、大昔、宇宙が灼熱地獄だった証拠だといえる。なぜなら、3000Kであれば、光子が熱平衡状態の黒体放射であることは理解できる(溶鉱炉の中がいい例だ)。だが、2.7Kという絶対零度に近い温度で、どうやって、光子どうし、あるいは光子と他の物質は熱平衡になることができるのか。

誰かが2.7Kという極低温のままで熱平衡状態になる黒体放射の画期的な説明を考えつかないかぎり、もっとも自然かつ合理的な説明は、

「3000Kで熱平衡状態にあった溶鉱炉のような宇宙が時間とともに冷えて2.7Kになった」

ということなのだ。

注:「熱平衡」というのは、場所による温度のばらつきがな

いという意味だ。熱平衡を保ちつつ、全体として冷えていくことは可能なのだ。

というわけで、ペンジアスとウィルソンの発見は、ビッグバン宇宙論の動かぬ証拠となり、その功績によってふたりは1978年度のノーベル物理学賞を授与された。

宇宙背景放射はビッグバン宇宙論の証拠である

ペンジアスとウィルソンが宇宙背景放射を発見したとき、多くの天文学者や物理学者がアッと叫んだ。ペンジアスとウィルソンはまったく別の目的で電波観測をしていて、偶然、宇宙のあらゆる方向から同じ放射が飛んでくることに気がついたのだが、当時、ビッグバン宇宙が宇宙背景放射を予測していることは広く知られていたから、「しまった」と思った学者も多かったにちがいない。

実際、イギリスの天文学の大御所のフレッド・ホイル卿をインタヴューした科学ジャーナリストのジョン・ホーガンは、次のように書いている。

「我々はただ、そこに座ってコーヒーを飲んでいたんだ」とホイルは思い起こしたが、その声はうわずっていた。「もし我々のどちらかが『ことによると３度かもしれない』と言っていたら、我々はすぐさまそれを調べて、1963年に発見していたのに……あれは人生最大の失敗だったと、いつも痛感してるよ」ホイルは頭をゆっくりと振りながら、

溜め息をついた。(『科学の終焉』ジョン・ホーガン著、筒井康隆監修、竹内薫訳、徳間文庫、219ページ)

ホイル卿は、天文学会の席で、ディッケという物理学者と雑談をかわしていたのだそうだ。当時、理論予測は2.7Kではなく20Kであった。だから、みんなが20Kの黒体放射を探していたのだ。

いまから考えると理論予測に誤差があって、みんなが見当違いのところを捜索していたわけ。

ところが、ホイル卿は博識だったので、実は、1941年にマッケラーという名のカナダの電波天文学者が3Kのマイクロ波放射をだしている星間物質を発見したのだと、雑談の際にディッケに教えているのである。でも、ホイル本人もディッケも、宇宙背景放射は20Kだと思い込んでいたので、カナダ人電波天文学者がみつけた3Kの放射が宇宙背景放射そのものだとは考えつかなかった。

そして、そんなものは探してもいなかったペンジアスとウィルソンにノーベル賞をかっさらわれたのである。

さぞかし悔しい思いをしたことだろう。

シュレ猫談義

亜希子「おかしいわ」

竹内薫「どこが」

亜希子「だって、2.7Kの黒体放射のグラフをみると、ピークは数字の2あたりにあるわよね」

竹内薫「それが?」

亜希子「これは、周波数で、１秒間に10の11乗回の２倍、つまり、2000億回という周波数でしょ？」
竹内薫「そうだよ」
亜希子「波長に換算するとどうなるの？」
竹内薫「年なので計算めんどくさい」
エルヴィン「あ、吾輩が計算いたしましょう」
竹内薫「やってくれ」
エルヴィン「話を簡単にするために、目盛りの２ではなく３で計算してもよろしいでしょうか？」
亜希子「いいわよ」
エルヴィン「公式をつかいます。

$$\lambda = \frac{c}{\nu} = \frac{3 \times 10^{10}\mathrm{cm/s}}{3 \times 10^{11}/\mathrm{s}} = \frac{1}{10}\mathrm{cm} = 1\mathrm{mm}$$

ですね」
亜希子「やっぱり」
竹内薫「なにが、やっぱりなんだ」
亜希子「だって、マイクロ波というのは、波長が数センチあたりのことをいうんじゃないの？　グラフをみるかぎり、ピークは１ミリ程度の遠赤外線のところにあるじゃない」
竹内薫「ぐっ……ちょっとお手洗いにいってくる」
隊長「困ったもんじゃの」
上野シン「さすが亜希子さんだ。いいポイントです」

数分後

竹内薫「(ニンマリと笑いながら) ええと、さきほどの些《さ》細《さい》な点について答えよう」

隊長「(小声で) 些細な点ねえ」

竹内薫「いいか、亜希子のいうとおり、1ミリ程度の遠赤外線は大気に吸収されてしまって地球までは届かない。だが、別に黒体放射のピークを観測する必要はない。ペンジアスとウィルソンは、ちょうどグラフの左端の裾野のあたり、つまり、数センチのマイクロ波を観測したんだよ (**図37**)」

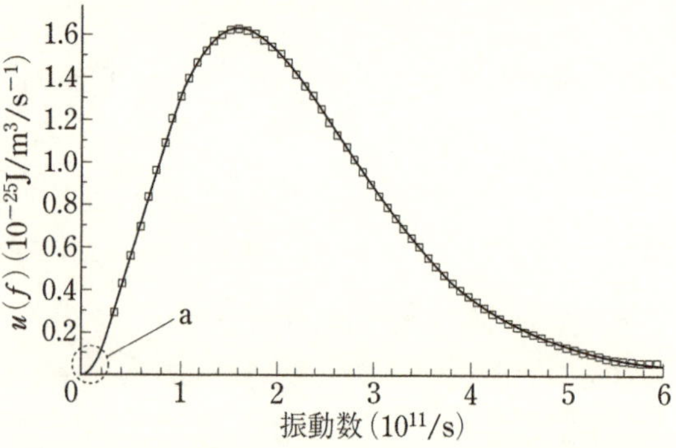

図37　ペンシアウとウィルソンはaのあたりを観測した

亜希子「ふーん、わかったわ」

竹内薫「はっはっは、なんでも聞いてくれたまえ。それくらい私が知らないと思ったか?」

　バサッという音とともに、竹内薫が背後に隠していたアンチョコが床に落ちる。

竹内薫「あ」

エルヴィン「みなさま、いまのは見なかったことにいたしましょう」

§ブラックホールの「熱力学」

スティーヴン・ホーキングといえば、泣く子も黙る現代理論物理学の英雄のひとりである。「車椅子のニュートン」と呼ばれている。難病をかかえながら、数々の理論物理学の業績をうちたてている偉人だ。

そのホーキングの有名な業績のひとつが「ブラックホールの熱力学」と呼ばれるもの。

ただし、ホーキングがひとりで考えたのではなく、ホィーラーの弟子であったジェイコブ・ベケンシュタインという物理学者もホーキングとは別に考えていたので、「ベケンシュタインの公式」とか「ホーキング温度」とか「ベケンシュタイン－ホーキングのエントロピー」などと呼ばれている。

ブラックホールというのは、ようするに宇宙にぽっかりとあいた穴のことである。太陽よりもずっと重い星が燃料を燃やし尽くすと、(内部の燃焼圧力がなくなるので) 自分の重力を支えきれなくなって潰れてしまう。それで、潰れる勢いが凄すぎて、あまりにも狭い領域にあまりにも多くの物質が集まって、しまいには、空間に穴があいてしまうという次第。

ブラックホールの本は山ほどでているので、詳しい話は巻末の参考書に譲るとして、ここでは、そのブラックホールのエントロピーを計算してみようではないか。
え？　計算？　本当に計算するの？
そうです。
厳密に高等数式をつかってやるのはホーキングの教科書や専門論文にまかせて、ここでは、初等数式だけをつかって、とりあえず、正解にたどりつくことを考える。
具体的には、ベケンシュタインが最初に考えた方法に沿ってやってみる。ちょっと勘に頼る感じがしないでもないが、もともと、物理理論が生まれる瞬間に物理学者の頭の中で起きていることは、さほど厳密ではなく、アイディアの光が閃くようなところがある……らしい。
計算は、中学生レベルの数学ができる人なら、とりあえず、誰でも理解できる。
だから、ちょっとがんばって読んでみてください。
といいつつ、これから先は、かなり難しい内容であることも事実なので、もうちょっと読者のモチベーションを高めないと読んでもらえないかもしれない。
ブラックホールの熱力学を理解すると、その先にブラックホール放射という面白い現象がでてくる。さらに、ブラックホールの熱力学は、現代物理学の最終理論の呼び声高い「超ひも理論」における最新の成果の話と結びつくのである。だから、たしかに険しい道のりかもしれないが、そのおおまかな流れと計算結果だけでも頭に入れておくと、ある意味、あなたは、現代理論物理学の最先端で実際にどのようなことが起きているのかを「単なるお話」ではなく、もう一歩踏み込んで正確に把握することができるようになる。

世の中にはホーキングの本も超ひも理論の本もたくさんでているが、大学院レベルの教科書以外には、本当の内容が書かれていることは希《まれ》だ。それで、

「ブラックホールには温度があるんです」

「ああ、そうですか」

「ホーキング放射ってのもあるんです」

「ああ、そうですか」

「詳しい内容はおわかりにならんでしょうから省きますが」

てな感じで、まるで、物理学者が一般人を小馬鹿にしているのではないかと疑わざるをえないような本も散見される。

たとえば、政治家が、

「これは高度に政治的な話なので、きみたちには、しょせん、理解できんよ」

などといったら、みんな、怒るでしょう。

それと同じで、学問だって、専門家が読者を見下して本を書いたら、みんな、怒るにちがいない。

ただし、物理学者が本音を書けない理由も僕には理解できる。学者には、常に同僚の厳しい視線がそそがれていて、一般読者向けにわかりやすく比喩などをつかって書くと、批判の矢面に立たされることになるからだ。わかりやすさと正確さの両立は難しい。だから、ついつい、数式を湯水のごとくつかって、厳密に正確に書くか、あるいは、まったく踏み込まずにお話でお茶を濁すことになる。学者

の宿命だ。

で、僕は、物理学の大学院をでているが、学者ではない。僕は「作家」なのだ。僕には同僚はいないから、チェックを気にして、筆が鈍ることもない。一般の科学好きの読者のためだけに書くことができる。

というわけで、本当に厳密な理論は、巻末にあげてある参考文献をご覧いただくとして、ここでは、最高の科学の成果を最低の予備知識で、可能なかぎり踏み込んで、読者に伝えるよう努力してみたい。

熱いコーヒーでも飲んで、頭をすっきり爽快にして、いざ！

ステップ1　エントロピーがNkの桁であることを確認する

これは、理想気体のサッカー－テトロードの式をみていただくと、すぐにわかることだが、一般論として、エントロピーというものはNkに対数がかかった恰好をしている。そして、たいていの場合、対数の部分は「桁」しかあらわさないので、そんなに大きな数にはならない。実際、「100枚のコインの熱力学」のところで確認済みであるが。

というわけで、おおまかな計算をするときは、エントロピーは、その系の粒子数Nにボルツマン定数kをかけたものだと考えてかまわない。

ステップ2　重さMのブラックホールの大きさはおよそ

GM/c^2であることを確認する

これは、知っている人にとっては、いわゆる「シュワルツシルト半径」が$2GM/c^2$だ、という話なので問題がないだろう。ブラックホールの周囲には、目に見えない境界線があって、それよりも一歩でも中に入ってしまうと、「行きはよいよい　帰りは怖い」となって、二度と外の宇宙にでてこられなくなってしまう。これが、ブラックホールの境界線というか半径であり、別名、「事象の地平線」（詳しくは拙著『ペンローズのねじれた四次元』をお読みください）。

でも、知らない人のために、次元解析をやってみよう。

ブラックホールを古典的に（量子力学と関係なしに）あつかうとき、関係してくる自然定数は、ニュートン定数のGと光速cであり、そのほかに、ブラックホールに固有の質量Mがある。それで、それぞれの次元（単位）を考えてみると、次のようになる。

G ……$\mathrm{m^3/kg/s^2}$

c ……m/s

M……kg

光速は速さだから「メートル毎秒」という次元だし、重さは「キログラム」なので問題ないだろう。ニュートン定数の次元は、僕も覚えていない。だが、

$$F = Ma$$

という式と

$$F = G\frac{MM'}{r^2}$$

という万有引力の式を見比べて考えてみればわかる。Fは力でaは加速度です。

ブラックホールの半径を求めるには、Gをx乗してcをy乗してMをz乗してかけ合わせて、それが「長さ」つまり「メートル」の次元をもつような条件を探せばいい。次元をカギかっこであらわすことにすると

$$[G^x c^y M^z] = \left(\frac{\mathrm{m}^3}{\mathrm{kg}\cdot\mathrm{s}^2}\right)^x \left(\frac{\mathrm{m}}{\mathrm{s}}\right)^y \mathrm{kg}^z = \mathrm{m}^{3x+y}\mathrm{kg}^{-x+z}\mathrm{s}^{-2x-y}$$

これが、m（メートル）の１乗になればいいので

$$3x + y = 1$$
$$-x + z = 0$$
$$-2x - y = 0$$

という連立１次方程式を解けばいいことになる。答えを書くと

$$x = 1$$
$$y = -2$$
$$z = 1$$

となって、結局

$$G^1 c^{-2} M^1 = \frac{GM}{c^2}$$

がブラックホールの「大きさ」ということになる。次元解析では係数まではわからないが、だいたい、こういう感じになることはわかる。

むろん、この次元解析からは、それが半径であるのか直径であるのかはわからない。係数まではわからないのだから。だから、「大きさ」といっているのだ。本筋に影響はありません。

ステップ３　ブラックホールのエントロピーは考えられる最大の値をとることを理解する

ここがブラックホールのエントロピー計算の山場です。ちょっと哲学的な話なので、どうか、噛みしめながら、ゆっくりとお読みください。

ベケンシュタインの論文から引用します。ちょっとわかりにくいので、ゆっくりと読んでみてください。

ブラックホールのエントロピーは大きい。たとえば、太陽と同じ質量のブラックホールのエントロピーは $S_{BH} \fallingdotseq 10^{79}$ だが太陽だと $S \fallingdotseq 10^{57}$ しかない。以前、私は、ブラックホールのエントロピーが、材料となった物質の量子的な重複度の対数であらわされると考えた。ただし、材料は「なんでもいい」。「なんでもいい」ということは、「毛がない定理」と完全に調和している。重さ M のシュワルツシルトのブラックホールは、水素原子を重さ M のぶん集めてもいいし、重さ M の電子と陽電子のプラズマでもいいし、光子を重さ M のぶん用意してもいい。いや、それどころか、これらをまぜこぜにして他にも加えて、とにかく重さ M になればなんでもいいのだ。穴をどうやって観測してみても、そういったさまざまな可能性を区別することはかなわない。ここには明らかに、純粋な「物質」とくらべて、エントロピーがいっぱいあるのだ(可能な状態がよりたくさんあるのだ)。(「The Limits of Information」Jacob D. Bekenstein, arXiv:gr-qc/0009019、竹内訳)

ちょっと意訳っぽいが、興味ある方は原論文をご覧あれ。

いくつか解説が必要だろう。

まず、重さが同じでも、太陽と比べてブラックホールはエントロピーが大きいのだという。現実には、星が潰れてブラックホールになる場合、最低、太陽の8倍程度の重さがないとだめだから、これは、純粋に理論的な比較だと考えてください。

ブラックホールになる前の星は、水素や炭素や鉄といったあらゆる物質からできていたと考えられる。ところが、いったんブラックホールになると、そういう過去の属性はほとんどが消えてなくなってしまう。これが「毛のない定理」である。毛というのは、星の化学成分などといった個性のことなので、そういう個性がなくなって、禿になってしまう、という意味なのである（毛がないと個性がなくなって顔の区別がつかないというのは差別だよなぁ……）。

毛のない定理　ブラックホールは重さ M 以外の個性をもたない

それで、ここがポイントなのだが、実際には個性のある物質が材料となってブラックホールができたにもかかわらず、いったんできてしまうと、つかった材料がなんであったかはわからなくなる。原理的にわからなくなる。原理的にわからないというのは、言い換えると、なんでもいいということである。つまり、状態の可能性がたくさんあるということだ……なにしろ、「なんでもいい」のだから！　ということは、重複度がとてつもなく大きい。ゆえにエントロピーが、（この世に存在する）どんな物質よりも大きくなくてはならない。

よろしいでしょうか？

ここは、じっくり考えないとわからないかもしれない。僕も１日かけて考えてみて、ようやく納得した。

「原理的にどんな状態だったかわからない」
ということは、ようするに、
「状態の可能性が多すぎる」
という意味なのであり、重複度が大きいということなので、エントロピーも大きいというわけ。

なお、ブラックホールは、実は、重さ M のほかに電荷 Q と角運動量 J をもつことができるのだが、ここでは、電荷がゼロで回転もしていない「シュワルツシルトのブラックホール」といういちばん簡単なブラックホールを考えました。あしからず。

ステップ4　ブラックホールのエントロピーは長波長の光子でつくると最大になる

ブラックホールのエントロピーは、考えられる最大の値になる。それは、Nk に比例する。ということは、粒子数 N が最大になるような物理的メカニズムを考えれば、エントロピーの数値を見積もることができる。

だが、いったい、どんな物理的メカニズムが粒子数 N を最大にするのか？

知恵を絞ってみよう。

ブラックホールの重さは M なのだ。

仮に重さ M の粒子をつかったとすると、粒子数は1個で済んでしまうから、エントロピーは最小になってしまう。重さが M の半分の粒子をつかえば、粒子数は2個である。まだまだ、エントロピーは小さい。重さが M の10分の1

の粒子をつかうと、粒子数は10個になる。そうやって考えてゆくと、条件としては、重さをMにすればいいだけの話なので、とにかくつかう粒子が軽ければ軽いほど粒子数は多くできることに気がつく。

では、いちばん軽い粒子とはなんぞや？

それは、質量ゼロの粒子にほかならない。

たとえば光子である。(以前だったら、ニュートリノという素粒子もつかえただろうが、ニュートリノには重さが少しあるらしいことが最近わかってきた)

それで、光子をつかうとして、粒子数Nはどうなるだろう？

重さがないので、単純計算だと無限に多くなってしまいそうだが、数学ではなく物理学をやっているので、無限にはならない。

なぜか？

ここで、アインシュタインの有名な式がふたつばかり登場する。

$$E_{BH} = Mc^2$$

$$E = h\nu$$

最初の式は、今の場合、ブラックホールがもっているエネルギーE_{BH}は、重さMに光速の２乗をかけたものに等しい、という意味をもっている。ぶっちゃけた話、

「重さはエネルギーと同じだ」

というのである。これは、特殊相対性理論の基本式であ

る。

2番目の式は、やはりアインシュタインが考えたもので、すでにご紹介した。振動数νの光子のエネルギーである。ここでステップ2で計算したブラックホールの大きさが必要になる。すでに何度も出てきたが、振動数νは波長λと次のような関係にある。

$$\lambda = \frac{c}{\nu}$$

反比例ということだ。だから、アインシュタインの2番目の式は

$$E = \frac{ch}{\lambda}$$

と書くことができる。

さて、光子をつかってブラックホールをつくるためには、光子の波長がブラックホールの大きさよりも小さくなくてはいけない。部品である光子が完成品であるブラックホールからはみだしてしまってはまずいからだ。部品のほうが小さくなくてはだめ。だから、波長λには上限がある。

ええと、頭が混乱してきませんか？

情況を整理してみましょう。

エントロピーを最大にするためには、粒子数Nを最大に

すればいい。粒子数Nを最大にするには、より軽い粒子をつかえばいい。それには、重さのない光子が適任だ。だが、ブラックホールには大きさがあるので、部品としてつかえる光子の波長には、おのずから、制限がつく。

以上をまとめると――。

まず、光子の波長λがブラックホールの大きさ以下であるという制限を課す。それから、ブラックホールのエネルギーE_{BH}を波長λの光子１個のエネルギーEで割ってやれば、ブラックホールをつくるのに必要な光子の数Nが算出できる。

では、計算してみましょう。

まず、波長λへの制限である。

$$\lambda \leqq \frac{GM}{c^2}$$

すると、粒子数は

$$N = \frac{E_{BH}}{E} = \frac{Mc^2}{\frac{ch}{\lambda}} = \frac{Mc^2}{ch}\lambda \leqq \frac{Mc^2}{ch}\frac{GM}{c^2} = \frac{GM^2}{ch}$$

と計算できる。

粒子数を最大にするために等号の場合を採る。

長々と計算してきたが、最終的に、ブラックホールのエントロピーは、これにボルツマン定数kをかけて

$$S_{\mathrm{BH}} = \frac{GM^2}{ch}k$$

となる！　これが、「ベケンシュタイン－ホーキングのエントロピー」の式なのである。そんじょそこらの一般向け科学書にはでていない代物だ。額にでも入れて飾っておきたいくらいです。

いやあ、大変でしたが、もう一度、各ステップのコンセプトだけ確認してみてください。計算まで理解できたら、あなたも、ホーキングに一歩近づいたのである！

§ブラックホールの悪魔？

ちょっと疲れたので、先に進む前に、そもそも、なぜ、ブラックホールのエントロピーなどというものを考えはじめたのか、その動機にふれておこう。

といっても、ベケンシュタイン先生の回顧談なのだが。

熱力学というのは、もともと、ミクロの状態がわからないときに、マクロの物理量であるエネルギー U とか体積 V などで系を記述する方法のことでした。

それで、1971年当時、ベケンシュタインは、一般相対論の大家でファインマンの先生でもあったジョン・アーチボルド・ホィーラーの大学院生をやっていた。ホィーラーは、「毛のない定理」の命名者でもある。

そこで、こんな会話があった。

ホィーラー「ブラックホールはマックスウェルの悪魔かもしれん」
ベケンシュタイン「え？　どうしてです？」
ホィーラー「ここにある熱い紅茶に冷たい水を混ぜるとエントロピーはどうなるね？」
ベケンシュタイン「ぬるくなってエントロピーは増えますね」
ホィーラー「それをブラックホールに捨てたら？」
ベケンシュタイン「ブラックホールは一方通行のゴミ箱みたいなものなので、エントロピーは、事実上、宇宙から見えなくなって、消えますよ」
ホィーラー「そうじゃろ。なにしろブラックホールには毛がないからな。回転していて荷電されたブラックホールでも、外からわかるのは、重さMと電荷Qと角運動量Jのみ。どれくらいのエントロピーが失われたか、どうやって計算する？」
ベケンシュタイン「うーむ」
ホィーラー「エントロピーが減るんだから、これは、マックスウェルの悪魔じゃないのか？」

まあ、残された資料から僕が勝手に会話をでっちあげたわけだが、だいたい、こんなふうな情況だったらしい。

部屋の半分に分子が集まって、残り半分になにもないとか、温度差が大きいとか、そういう「コントラストの差」が大きい情況だとエントロピーは小さい。だから、熱い紅茶と冷たい水を混ぜると、コントラストがなくなるので、これは、エントロピーが増えたことになる。でも、その増えたエントロピーが消えてしまうのであれば、たしかに、ブラックホールは、エントロピーを減らす装置だと考えられるので、マックスウェルの悪魔の可能性がある。

ホィーラーのパラドックス

ブラックホールには毛がない

→エントロピーが消える

→マックスウェルの悪魔？

だが、ホィーラーは、あくまでもブラックホールに落ちてしまった物質のエントロピーを問題にしていたのに対して、ベケンシュタインは、ブラックホールそのもののエントロピーを考えることにした。入れ物も含めて、全体として、どうなるのかを考察しようというのである。

そうすれば、ホィーラーの提起したパラドックスも解決できるかもしれない。

いや、解決しなければ、マックスウェルの悪魔が存在することになって、熱力学の第二法則は破れてしまう！

前節では、こんな動機が背景にあって、ブラックホールのエントロピーを計算してみたわけです。

さて、1971年当時、ペンローズやホーキングらによって、ブラックホールの面白い定理が証明されていた。

面積増大の法則　ブラックホールの「事象の地平線」の面積は減らない

ブラックホールに物を投げ込んだり、ブラックホールどうしがぶつかって融合したりしても、決して、「表面積」は減らないというのである。

ベケンシュタインは、これに注目した。なぜならば、「面積増大の法則」が、ちょうど、熱力学第二法則、つまり、「エントロピー増大の法則」に似ているように思われたからだ。

「似ている」とは、なんとも直観的で、いい加減な気もするが……たしかに似ている。

ブラックホールの表面積を英語のエリア（area）の頭文字をとってAと書くと、ブラックホールのエントロピーS_{BH}は

$$S_{\mathrm{BH}} \propto A$$

という具合に書くことができるのではあるまいか。

ベケンシュタインは、そう予測した。

なんだか、誰でも気づきそうなアイディアだが、「なんとなく似ているなァ」で終わらせるのと、問題を徹底的に追究するのとでは大きな差がある。

あれ？　でも、前節で計算したブラックホールのエントロピーは

$$S_{\mathrm{BH}} = \frac{GM^2}{ch} k$$

という恰好だったよ。これのどこが面積 A に比例するのだ？

実は、この式は、ちゃんと面積 A に比例している。

なぜならば、事象の地平線の半径 r が

$$r = \frac{GM}{c^2}$$

だったから、表面積 A は

$$A = 4\pi r^2 = 4\pi \frac{G^2M^2}{c^4}$$

となるので。

これでも全然ちがうじゃないかと思われるかもしれないが、c とか h とか k とか G というのは「定数」なのだ。単なる数なのだ。だから、物理的な本質は、

ブラックホールのエントロピーが重さ M の２乗に比例する

ということであり、

ブラックホールの表面積が重さMの２乗に比例する

ということなのだ。

だから、結論として、

ブラックホールのエントロピーは表面積に比例する

のである。やたら定数がかかっているからといって、物理的な本質を見失ってはならない。

ブラックホールの表面積は増大する。ブラックホールのエントロピーは表面積に比例する。ゆえに、ブラックホールのエントロピーは増大する！

かくして、ブラックホールの存在によって宇宙のエントロピーが減少して熱力学の第二法則が破られる、というホィーラーのパラドックスは解消された。

やはり、マックスウェルの悪魔はいないのだ。

めでたし、めでたし。

§ホーキング放射１

いよいよ、ホーキング放射である。

ポイントは、本来、「黒く」て光も出さないはずのブラックホールが、実は、わずかながら放射をしているということ。そして、塵も積もれば、というわけで、ブラックホールは徐々に周囲にエネルギーを散逸させて、しまいには「蒸発」してしまう！　……のだという。

それがどうした、という人もいるかもしれないが、これは、純粋に理論的な予測であるものの、いずれ、天文学的に観測される可能性があるという意味では、まんざら、絵空事でもない。

以前、僕は、ホーキング(やペンローズ)の物理理論はSF的で数学的すぎて、絶対に検証できないから、ノーベル賞ではなくウルフ賞という別の賞をとったのだと書いた覚えがある。

失礼しました。

前言を訂正させていただきます。

ブラックホールの蒸発がなんらかの形で実証されれば、ホーキングは、ノーベル物理学賞をとる可能性がある。

とにかく、この「ホーキング放射」、かなり凄い業績だといわねばならない。

ブラックホールは蒸発する？

だが、ブラックホール放射とブラックボディ（黒体）放射は関係あるのか、という素朴な疑問が脳裏をよぎる。

実をいえば、前の節で黒体放射の話をしたのは、ホーキング放射との関連を述べるための準備だったのである。

ブラックホールの「熱力学」が正面切って論じられる前までは、ブラックホールは光でも逃げ出せないほど重力が強くて時空にポッカリと穴があいてしまった状態だと考えられていた。もちろん、基本的に、この考えはまちがっていない。

だが、黒体があらゆる光子を吸収するからといって放射をしていないわけではないのと同様、ブラックホールだって、放射してもいいではないか？　当然、そういうなりゆきになるであろう。

ブラックホールからの放射を黒体放射とみなすと、つかえる関係がでてくる。それは、黒体放射のところにでてきた、

光子気体の内部エネルギーは温度の４乗に比例する

という事実である。

溶鉱炉の中に充満した光子気体のエネルギーが温度の４乗に比例することがわかっていることから、そこに穴をあけると外にでてくるエネルギーも温度の４乗に比例することが計算しなくてもわかるのである。（ただし、係数は、ちゃんと計算しないとだめ）

さて、単位時間にだせるエネルギーのことを「パワー」と呼ぶ。「仕事率」という物理用語もあるが、なんとなく意味不明なので、英語のままつかわせていただく。穴からでてくるエネルギーは、すなわち、黒体放射のエネルギーである。

パワーの式は、1879年にシュテファンという人が、

シュテファンの法則　黒体放射のパワーは温度の４乗に比例する

という経験則を発見しているので、気持ちの悪い人は、式の係数も実験値だとお考えあれ。

ここで隊長が手をあげた。

隊長「質問じゃ」

竹内薫「あ、シュレ猫談義まで待てないのかよ」

隊長「待てん」

竹内薫「わかった、手短にな」

隊長「パワーというのがわかりにくい」

竹内薫「(吐き捨てるように) 隊長の頭と同じだよ」

隊長「?」

エルヴィン「(あわてて仲裁に入る) あ、ようするに自動車のパワーと同じ意味かと」

隊長「なら、馬力といわんか、馬力と」

竹内薫「つるつる電球の電力という言葉もある」

いや、失礼しました。パワーというのもわかりにくいかもしれない。だが、「動力」だとイメージが湧かないし、「馬力」(horse power) だと馬が荷車を引くパワーで自動車のようなイメージがあるし、「電力」(electric power) は文字どおり電気に限定されたパワーで発電を思い浮かべてしまうから、あまりうまくない。

やはり、単純にパワーということにいたしましょう。

電球が60ワットとか100ワットとかいうではありませんか。あの「ワット」こそがパワーの次元なのだ。100ワットの電球からはエネルギーがでているわけだが、それは、

「1秒間で100ジュールのエネルギー」
という意味なのだ。パワーの単位であるワット（W）とエネルギーの単位であるジュール（J）と時間（s）の関係は、だから、

ワット＝ジュール／秒

ということになる。

さて、黒体放射のパワーが温度の4乗に比例するといっても、当然のことながら、それは、単位面積あたりのパワーのことである。温度が同じなら、穴の大きさが大きいほど外にでてくるエネルギーも大きくなるからである。だから、黒体放射とブラックホールの放射を関係づける場合、忘れてはならないのは、

ブラックホール放射は温度の4乗に比例し、面積にも比例する

ということ。

面積というのは、ブラックホールを電球と同じようにイメージして、その表面積Aのことである。なぜなら、ブラックホールの場合、溶鉱炉のように1ヵ所に小さな穴があいているのではなく、いうなれば全体が「穴」なのであるから。

隊長「またまた、わからんな」

竹内薫「なにが？」

隊長「黒体放射の場合は、あらゆる波長の光を吸収するから……光を反射しないので色がつかない……黒いわけじゃろ？」

竹内薫「そうだよ」

隊長「じゃが、通常は、目にみえずとも赤外線などを放射しておる」

竹内薫「目の前の黒い紙なんかはね」

隊長「じゃが、それは、ブラックホールとはちがうではないか」

竹内薫「どうして？」

隊長「ブラックホールは、たしか、重力によって空間が曲がってしまって、光の経路が変わり、しまいには、光でさえ閉じこめられてしまうのではないのか？」

竹内薫「そうだよ、それが？」

隊長「光は最速なんじゃろ？　だから、光が逃れられない以上、もはや、全宇宙のなにものも逃れられないんじゃろ？　それなら、放射などできんはずではないかの？」

竹内薫「ふ、ちゃんと説明はあるのさ。エルヴィン、やれ」

エルヴィン「かしこまりました。もともと、黒体放射にしても、光子と物質との相互作用の話なので、最終的には量子力学というものをつかわないと説明ができません。それで、ホーキング放射の場合も、量子力学的な考えをつかって、うまく説明することができるのです」

隊長「ふむ」

エルヴィン「たしかにブラックホールの中に入ってしまえば、もはや、外に脱出することはできません。宇宙でいちばん速いスピードをもった光子でも逃れることができません。ですが、事象の地平線のすぐそばで何が起こっているかを考えると、それでも放射が可能なことが判明するのです」

隊長「続けよ」

エルヴィン「図 38 のように、たとえば電子と陽電子という、電荷が逆さまの粒子が生成されたとします」

隊長「生成と消滅というのが量子力学の常識のようだな」

エルヴィン「正確には量子場の理論の帰結なのですが、隊長のおっしゃるとおりです」

隊長「続けよ」

エルヴィン「生成された電子と陽電子は、ペアで生まれて、ペアで消えることになっているのです。それが量子場の理論の教えるところです。そうやって、ふつうは、宇宙空間のあちこちで、ペアの生成と消滅がくり返されているわけなのです。ところが、たまたま、ブラックホールの事象の地平線のすぐそばで生成が起きたらどうなるでしょう？」

隊長「ブラックホールに落ちる危険性がある」

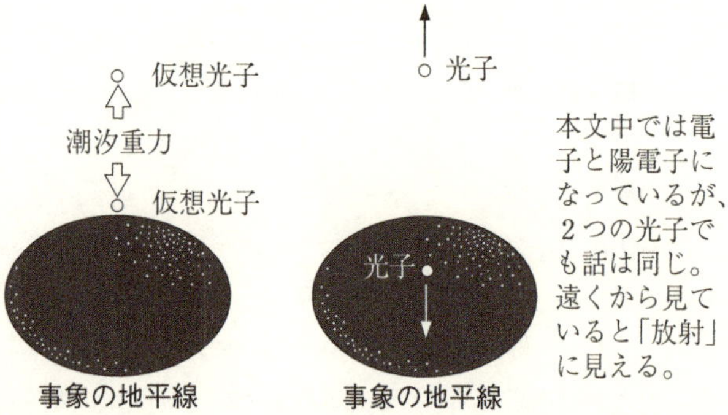

本文中では電子と陽電子になっているが、2つの光子でも話は同じ。遠くから見ていると「放射」に見える。

図38　ホーキング放射

キップ　S. ソーン著、林一ほか訳『ブラックホールと時空の歪み』より改変

エルヴィン「ですよね？　ペアごと落ちれば、それきりですが、片方だけ落ちたらどうなるでしょう？」

隊長「落ちたほうは脱出できなくなってしまう」

エルヴィン「そうです。ところが、この生成と消滅は、常にペアでないと起きないことになっています。ということは、相棒を失った片割れは、ひとりでは消滅できない。つまり、ブラックホールをみていると、まるで、事象の地平線のあたりから、粒子が湧いて出るように……放射されているようにみえるのです」

隊長「なんとも不思議な話じゃのう」

§ホーキング放射２

話を続けよう。

ブラックホールのエントロピーは

$$S_{BH} = \frac{GM^2}{ch} k$$

でしたね？　実は、この式は、エントロピーと内部エネルギーの関係をあらわしている。

え？　右辺は定数ばかりでエネルギーなんかどこにもないって？

いや、ところが、右辺にはエネルギーがちゃんとあるのです。なぜなら、アインシュタインの関係式によって、エネルギーは

$$Mc^2$$

と等価なのであるから。

前に第１章でやったように、エントロピーと内部エネルギーの関係さえわかれば、それをグラフにすることによって、今度は「温度」が計算できる。なぜなら、温度は、エントロピーと内部エネルギーのグラフの「傾き」(の逆数)で定義されたからである。

第１章では、エントロピーSと内部エネルギーUのグラフから温度を読みとることができた。

ここでは、アインシュタインにしたがって、内部エネルギーUを重さMと読み替えるだけ。

つまり、エントロピーSを重さ（＝エネルギー）Mの関数とみなすのである。そして、そのグラフの傾きからブラ

ックホールの温度Tを読みとるのだ。その結果、温度Tは重さMの関数になる。すると、今度は、シュテファンの法則から、黒体であるブラックホールの「パワー」は温度の4乗に比例するので、最終的にブラックホールの「パワー」は重さMの関数であらわされることになる。

ああ！　頭がごちゃごちゃになってしまった。

いや、書いている僕も数式をつかわないと混乱する。なるべく日常言語の範囲内で比例とか反比例という概念のみによって全体の流れをご説明いたしましょう。

とんでもなく難しいと感じる人もいるかもしれないが、本質的なことは、次の2組の3点セットにまとめられる。

最初の3点は、エントロピーとエネルギーのグラフから温度を求めるステップであり、後半の3点が、その温度をつかって、シュテファンの法則からブラックホールのパワーを求めるステップである。

ステップ1　まずはブラックホールの温度を求める

ポイント1　ブラックホールのエントロピーSは重さMの2乗に比例する

ポイント2　重さMはブラックホールの内部エネルギーUに比例する

ポイント3　ゆえに、温度Tは重さMに反比例する

ステップ2　次にブラックホールのパワーを求める

ポイント4　シュテファンの法則からパワーPは温度

Tの４乗と表面積Aに比例する

ポイント５　表面積AはエントロピーSと同じく重さMの２乗に比例する

ポイント６　ゆえにパワーPは重さMの２乗に反比例する

やはり、よくわからん。

わからないのは、日常言語をつかっているからである。

数式のほうが日常言語よりも明快な場合もある。頭がスッキリと整理されるからである。今の場合が、そのような情況だ。

そこで、比例の記号をつかって、関係する物理量が重さMとどんな関係にあるのかをまとめてみよう。ちゃんとした係数までも含めた数式ではありませんが——。

それでは、まず、ステップ１からいきましょう。グラフを描いてブラックホールの「温度」を求めるのである。

ポイント１

$$S \propto M^2$$

これは、前節にやったものだ。ブラックホールのエントロピーは重いほど大きい。重さが２倍になるとエントロピーは４倍になる。重さが３倍になるとエントロピーは９倍になる。

ポイント2

$$M \propto U$$

ブラックホールの重さは基本的に（係数を除いて）内部エネルギーと同じ。アインシュタインの式である。

ポイント3

$$T \propto \frac{1}{M}$$

重いブラックホールほど冷たい。軽いブラックホールは熱い。そういう意味である。第1章で学んだ「温度」の定義どおり、ポイント1と2から、エントロピーとエネルギーのグラフを描いて、その傾きを読みとって、逆数をとったのである。

さて、ここまでは、理想気体の場合となんら変わらない。理想気体のエントロピーは、サッカー－テトロードの式から明らかなように、内部エネルギーの対数に比例していた。ブラックホールの場合、グラフの恰好はちがうが、やっていることは一緒だ。とにかく、グラフの傾きの逆数をとれば温度がわかる。

注：グラフなんて面倒くさい、傾きなんて、ようするに導関数を求めるだけじゃないか、と思った方は、そのとおりです。この本では、微分積分はつかわないようにしている

ので、グラフから読みとると表現したのです。

それで、ブラックホールの温度がわかったので、いよいよ、パワーを求めるステップ２へと移行する。

ポイント４

$$P \propto T^4 A$$

電球のイメージでいうと、(ブラックホール型) 電球は温度が高いほどパワーが大きい。そして、電球の大きさが大きいほどパワーが大きい。つまり、ワット数が大きくて、明るい。シュテファンの法則そのものである。

ポイント５

$$A \propto M^2$$

前節でやったように、ブラックホールの大きさ（半径 r）は重さ M に比例する。だから、表面積は重さの２乗に比例する。重いブラックホールほど大きい。

ポイント６

$$P \propto \frac{1}{M^2}$$

これは、ポイント４のシュテファンの式に、ポイント３の温度とポイント５の表面積を代入しただけ。

ブラックホールのパワーは、サイズが大きければ大きいほど大きいかというと、そうは問屋が卸さない。サイズが大きいと重いのだが、重くなると、温度が下がってしまうからだ。パワーは、温度とサイズの兼ね合いによって決まる。結局、小さくて軽いブラックホールのほうが充分に「熱い」ので、放出パワーも大きくなる。

それで、ここから先は、言葉だけの説明だと非常にきびしいのであるが、パワーというのが何だったか、思い出してみると、ようするに1秒あたりに外部へ放出されるエネルギーなのでした。ところがエネルギーは重さMと等価なのだから、パワーというのは、ブラックホールの場合、1秒間に重さがどれくらい減るか、という意味をもっている。なぜ、重さが減るのかといえば、放射によってエネルギーが外部に流れ出るからである。流れ出たぶん、(エネルギーと等価な) 質量が減少するのだ。ということは、ポイント6を言い換えると、

ポイント6　1秒間の重さMの減り方は、重さMの2乗に反比例する

となる。

比喩的かつイメージ的に説明してみよう。

僕は体重が70キロくらいである。友人で哲学者の塩谷くんは体重が僕の2倍の140キロである。僕と塩谷くんが1秒間だけ減量に励むとしよう (あくまで思考実験です)。すると、体重の減り方は体重の2乗に反比例するのである

から、塩谷くんは、僕の４分の１しか痩せられない！

ブラックホールは、重ければ重いほど冷たくて放射も少ないため、なかなか体重が減らない。軽いブラックホールは熱いので、放射も多いから、すぐに重さが減って、やがて蒸発してしまう。

ここで質問です。

質問　竹内ブラックホールと塩谷ブラックホールは重さが２倍ちがうのだが、このふたつがホーキング放射によって「蒸発」するまでの時間は、何倍くらいちがうだろうか？

なんだ、簡単じゃないか。

重さが２倍ちがうと減り方は４倍ちがうんだから、重さが全部なくなる、つまり蒸発するまでの時間だって、４倍ちがうのではないか。塩谷ブラックホールのほうが竹内ブラックホールよりも４倍長生きする！

いや、ちがうのです。

数学が得意な人にはあたりまえかもしれないが、答えは、

答え　８倍

になるのである。

どうしてかというと、たしかに最初は、体重が２倍ちがうのだが、ちょっと減ったあとでは、もはや、２倍ではない

からだ。少し減量したあとでは、竹内ブラックホールのほうが減量ぶんも大きいので、体重差は2倍以上に拡がっている。竹内ブラックホールは、熱くて新陳代謝がいいので、急激に痩せてゆくが、塩谷ブラックホールは、冷たいので、なかなか減量が進まない。だから、どんどん差が開いていって、最終的に両者が蒸発するまでの時間は8倍も差がついてしまうのだ。(数学が得意な方は、付録の5の数式をご覧ください)

というわけで、長々と複雑怪奇なことをやったような気もするが、ブラックホールを黒体とみなすと、ブラックホールは「蒸発」するという驚くべき結果が導かれた。

もちろん、ここでは、あくまでも熱力学とブラックホールの知識をうまくつかって、えいやっと最先端のホーキング放射の説明をしてしまったのだ。

これよりも詳しい正確な話をお読みになりたい方は、巻末にもっと専門的な文献をあげておくので、そちらへお進みあれ。

シュレ猫談義

隊長「少しは数字の実例をあげてくれんかの」

エルヴィン「わかりました。太陽と同じ重さのブラックホールは、大きさが数キロメートルです」

隊長「数キロメートル?」

エルヴィン「ええ、ですから、太陽を町内に押し込めたようなイメージです」

隊長「太陽を町内に?」

エルヴィン「想像もできない密度ですね。地球をビー玉に押し込めた、といえば、もう少しイメージが湧《わ》くかもしれません」

隊長「ビー玉の地球か……（しばし、考え込む）」

エルヴィン「ええと、それで、太陽と同じ重さのブラックホールの温度は、0.0000001K以下です」

隊長「摂氏だと、マイナス273度近くということか？」

エルヴィン「そうです。絶対零度よりわずかだけ熱いわけです」

隊長「想像もつかん冷たさだが、それでも、絶対零度よりは熱いわけか」

エルヴィン「はい……太陽と同じ重さのブラックホールが蒸発するまでにかかる時間は、だいたい、10の66乗年くらいです」

隊長「66乗年？」

エルヴィン「10を２回かけたのが10の２乗で、100ですね。10の３乗が1000……」

隊長「つまり１のあとに０が66個ついているということか？」

エルヴィン「はい。書いてもいいですが、あまり、意味はないかと――」

隊長「どうも、実感がわかない」

エルヴィン「ちなみに、宇宙の現在の推定年齢は、約100億年でして、これは、10の10乗年にすぎません」

隊長「……（思考停止状態）」

亜希子「太陽の10倍以上の重さがないとブラックホールにならないんじゃないの？」

エルヴィン「おっしゃるとおり。通常、太陽の8倍以上の重さがないと、ブラックホールは形成されませんが、大きなブラックホールが徐々に蒸発していって太陽と同じ重さになることはあります」

亜希子「太陽の8倍以上の重さの星は、必ずブラックホールになるの？」

エルヴィン「いえ、超新星爆発のあと、最終的に、中性子星が残ることもあり、あるいは、跡形もなく吹き飛んで何も残らない可能性もあります」

亜希子「銀河の中心にもブラックホールがあるというじゃない？」

エルヴィン「あ、あれは、星のブラックホールとは種類がちがうのです。というか、でき方がちがうのです。星が潰れてできるのではなく、なんというか、銀河の中心には大量のガスや物質が集まるので、星とは比べものにならないほどの重いブラックホールができるのです。太陽の数百万倍の重さがあります。

もっとも、いったん、できてしまえば、重さがちがうだけで、毛がない定理など、ブラックホールの特性からすれば同類なのですが……あと、でき方という点では、ビッグバン直後の高密度の宇宙でできたといわれている、原初のブラックホールというのも理論的には予測されていますが、いまのところみつかっておりません」

亜希子「ブラックホールの話題は尽きないわね」

エルヴィン「巻末に参考書をあげておきますので」

隊長「ぐう」

§ブラックホールの「統計力学」

そろそろ、この本も終わりに近づいてきた。

かなり難しいことをやっているようだが、もちろん、世界でいちばん頭のいい物理学者のひとりであるホーキングの考えを単なるお話ではなく、それなりにきちんと説明しているのだから、難しいに決まっている。

だが、もとの論文のほうが、この何百倍も難しいのであって、それをなんとか日常言語とイメージで可能なかぎり正確に読者に伝えようとしているのだ。

だから、依然として絶対的な難しさはあるが、相対的には信じられないほど簡単になっているはずである。

さて、

「ブラックホールが宇宙の窮極のマックスウェルの悪魔ではないか？」

というホィーラーのパラドックスからはじめて、ベケンシュタインとホーキングのブラックホール熱力学を解説していたら、あれよあれよという間にホーキング放射まできてしまった。

熱力学を一度も勉強したことのない読者は「なんてSFな！」という感想を抱かれたかもしれないが、学校で黒体放射の無味乾燥な話を延々と聞かされた覚えのある読者は、溶鉱炉から宇宙とブラックホールまでが「黒体放射つながり」で理解できるのだと知って、少しは学校の物理に対する怨みも軽減されたのではなかろうか。

とにかく、次元解析と黒体放射というふたつの道具だけで、なんとか高尚なホーキング放射の概要は理解できる。考えてみれば、こういうところにこそ物理学の醍醐味があるのだといえる。

だが、ここまでくると素朴な疑問が頭をもたげてくる。

第1章ではコインの裏表を例に重複度Ωを計算して、その対数をとるとエントロピーになるのだといった。エントロピーには熱力学的な定義と統計力学的な定義があるのだ。

熱力学（マクロ）

$$\varDelta S = \frac{Q}{T}$$

統計力学（ミクロ）

$$S = k \ln \Omega$$

熱力学的な定義のほうは、マクロな熱の流れと温度を測ってエントロピーの増減を計算する。

統計力学的な定義のほうは、ミクロの状態、すなわち重複度を計算してエントロピーを求める。

第1章の終わりで、必ずしも熱力学を統計力学から導出する、というのが正当な見方でないことは述べておいた。だが、それは、あくまでも「完璧には導出できていない」

という意味であって、原理的な限界というわけではない。
それで、素朴な疑問である。

素朴な疑問　ブラックホールのエントロピーもミクロの状態からもとめられるのか？

そうなのである。
次元解析や（少々）哲学的な議論によって無理矢理ブラックホールのエントロピーを求めてしまった感があるが、かなり発見的な方法であったことは否めない。この求め方が果たして熱力学的なやり方なのか統計力学的なやり方なのか、書いている僕にもわからないくらいだ。
そのあとで黒体放射とホーキング放射の話をしたときは、どちらかといえば熱力学っぽかったようですね。
とにかく、発見的な議論のときは、思い出していただくと、ブラックホールのエントロピーがだいたい「Nk」の桁だということだけをつかったのだった。状態数（重複度）Ω の対数から N がでてくると勝手に決めてしまったのだ。この近似は、一般的に正しい。だが、厳密に重複度 Ω を計算したのでないこともたしかだ。
ブラックホールのミクロの状態をきちんと数えてエントロピーを正確に導くことは可能なのだろうか？
実は、この本を書いている2002年の時点で「超ひも理論」がふたたび脚光を浴びている。巷では「超ひもルネッサンス」なる言葉まで飛び出す始末だ。超ひも理論をあつかった一般啓蒙書がベストセラーになり、新聞にまで解説記事が載るほどのフィーバーぶりである。
僕自身は、1992年に大学院卒業とともにプー太郎の道を歩んで作家になってしまったのだが、博士課程では超ひも理論の宇宙論を研究していた。その頃、超ひも理論は周囲の冷たい視線にさらされていた。なぜなら、窮極の量子重力理論候補として華々しくデビューしたにもかかわらず、いくらたっても実験や観測と結びつく理論予測がでてこなかったからだ。最初のうちは、飯のタネになるかと思って理論の概要を囓《かじ》ってみた実験物理学者たちも、次第に苛々を募らせはじめた。なにしろ、やれトポロジーだ、やれ共形場の理論だと高尚な数学的道具ばかりがでてきて、他の分野に身をおく物理学者たちは、いっこうに理論の内容が理解できなかったからだ。
「いったい、あいつらは何をやっているんだ。彼らにだけしか理解できない理論というものにどれほどの信憑性があるのだ。おまけに数学者にきいてみても、よく理解できない、という話をきく。実験も観測もできない理論になんの意味がある。それはSFではないのか？」
そういう怨嗟《えんさ》の声があちこちから聞こえてきた。
あの、いつも誤解されるので悪口を雑誌などに書かれる前にお断りしておきますが、僕は、超ひも理論の味方である。現在、世界中に出回っている窮極理論候補たちのどれかに全財産を賭けるとなったら、僕は、迷うことなく超ひも理論に賭けるであろう。
これは、うまく言葉では言い表せないのだが、美しい詩や文学作品や音楽に接して、

「ああ、これは本物だ」
と感動する場面に似ている。感動するには鑑賞できなくてはならない。超ひも理論の場合、同僚の物理学者たちが文句をいっていたのは、彼らにはうまく超ひも理論が鑑賞できなかったからにほかならない。どうしてかといえば、つかわれている数学があまりにも特殊だったために、他の分野の物理学者にはチンプンカンプンだったからである。

当時、僕は、ある実験物理学者の大学院修士課程の授業の採点係をやっていた。助手というやつである。僕は理論が専門だったが、欧米では、別の先生の授業の宿題の採点をやる助手の制度があるから、たまたま、実験物理学者の助手をやっていたわけだ。

あるとき、アンドリュー・ストロミンジャーという超ひも理論の旗手が僕の大学にやってきて物理学科で講演をした。一部の専門家向けではなく、一般の物理学者向けの講演だったので、物理学科の教授も大学院生もほとんど全員が出席していた。

いまでも覚えている。

２時間あまりの白熱した超ひもの講演のあと、エレベーターに乗って３階で降りたとき、その実験物理学者が僕に向かって、こういったのだ。

「あれはなんだ？　まさか、君も、あんなことをやっているのではあるまいな」

その顔は、なんと形容していいか……怒りと哀しみと諦めが混ざったような表情で、目はうつろだった。

ええと、超ひもを擁護するといいながら、ネガティヴな反応ばかり書いているようだが、それが、1992年当時の超ひも理論のおかれている立場だったのだ。もちろん、超ひもをやっていた人々のあいだには、そのようなネガティヴな雰囲気は微塵もなかった。だが、周囲からは冷たい目でみられていたのである。掛け声ばかりで成果があがっていないではないかと。

それで、今から振り返ると、あれが超ひも理論の第一次ブームが終わった時期にあたる。そして、現在は、廃れていた超ひも理論が華々しく復活をとげたという意味で、第二次ブームなのだといえる。一度は死んだかにみえた理論が「再生」したから「ルネッサンス」と呼ばれているわけだ。

第一次ブームと第二次ブームのきっかけは、次のようにまとめることができる。

第一次　超ひも理論が矛盾のない量子重力理論であることが判明した

第二次　超ひも理論が「ベケンシュタイン－ホーキングのエントロピー」を計算できることがわかった

現在、われわれが手にしている重力理論といえば、アインシュタインが1915年頃に考えた一般相対性理論である。一般相対性理論は、現代宇宙論や天体物理学などといったマクロな世界にあてはめられて活躍し、非常に高い精度で正しいことが確かめられている。だが、理論の立場からすると、ひとつの問題を抱えていた。

世の中には、ミクロな世界を記述する量子力学という理論があって、こちらのほうも非常に高い精度で確かめられている。

ところが、一般相対論と量子力学というふたつの大成功した理論があるにもかかわらず、どうしても、この両方を満足する理論をつくることができなかったのだ。

片方はマクロの世界でうまくいき、もう一方はミクロの世界でうまくいく。

まあ、実用上は困ることはない。使い分けをすればいいではないか。

いや、ところが、そうもいかない事情があるのだ。

宇宙はマクロの世界だ。だから、一般相対論を適用している。だが、宇宙は膨張している。膨張しているということは、大昔、宇宙が今よりずっと小さかった時代があったことになる。初期宇宙はミクロのサイズだったにちがいない。だが、そうなると、ミクロの世界の標準理論である量子力学を無視することができなくなってしまう。つまり、初期宇宙を理論的に考察するためには、どうしても、量子的一般相対論、いいかえると量子重力理論が必要になるのだ。

この本は量子重力の本ではないので、途中ははしょらせてもらうが、ようするに、半世紀以上の長きにわたり、誰ひとりとして矛盾のない量子重力理論をつくることができなかった。

ところが、超ひも理論は、驚くべきことに、矛盾のない「量子重力理論」だったのである。

それがわかったので、この理論は世界中に知的興奮を呼び起こしてブームになったわけ。

だが、理論の数学的な難解さゆえに、次第に周囲から敬遠されるようになっていったのです。

その情況は、1996年にガラリと変わった。

僕の先生が泣きそうな顔で文句をいっていたアンドリュー・ストロミンジャーとカムラン・ヴァッファのふたりが画期的な論文を書いたからである。

ちなみに、このヴァッファという人はとてつもなく数学ができる。僕の実験ではなく理論のほうの本物の指導教官がヴァッファを専門家向けの講演に呼んだことがある。僕も部屋の後ろのほうの席でヴァッファの講義を聴いていたが、そのあまりの数学能力の高さに圧倒され、まるで小沢征爾のウィーンフィルのコンサートをライヴで聴いたかのような、なんともいえない陶酔感に浸りつつ、同時に、自分の数学的な才能のなさを思い知らされ、いまから考えてみると、あのとき物理学者になることを諦めたような気がする。まあ、才能のある人を間近で見るというのは、よしあしですな。

それで、その論文である。

死に体の超ひも理論を再生させた重要論文。

「ベケンシュタイン－ホーキングエントロピーの微視的な起源」(Microscopic Origin of the Bekenstein-Hawking Entropy) という長たらしい名前がついている。

その導入部を引用してみよう。

'70年代初頭に、ブラックホールの動力学法則と熱力学の法則のあいだに、鋭く美しいアナロジーが発見された。特に、ベケンシュタインとホーキングのエントロピー（事象の地平線の面積の４分の１）は、あらゆる点で熱力学的エントロピーのようにふるまう。このアイディアの円に欠けている「つなぎ」は、ブラックホールのエントロピーの正確な統計力学的解釈である。ベケンシュタインとホーキングのエントロピーを（係数まで含めて）ブラックホールのミクロな状態を数えることにより導きたいのだ。それができれば、ブラックホールの動力学の法則は（単なるアナロジーを超えて）熱力学の法則と同じだといえるであろう。(竹内訳)

前節までにやってきた発見的な方法は、やはり、おおまかな見積もりでしかなかった。

ストロミンジャーとヴァッファの論文は、それを超ひも理論をつかって厳密に計算してみせようというのである。

ホーキングが発見した、

「ブラックホールの事象の地平線の表面積は減少しない」

という法則をみて、ベケンシュタインは、

「事象の地平線の表面積こそがブラックホールのエントロピーである」

といったわけだが、考えてみれば、それは、単なるアナロジー(類比)にすぎない。ふたつの似ている現象がある。ゆえにふたつは同じだ。そういう大雑把な論法にすぎない。

だが、実際にミクロの状態、つまり重複度を数えることによって、エントロピーSの式が事象の地平線の表面積A（の4分の1）に係数までも含めて厳密に一致することがわかれば、アナロジーではなく、本当に「同じ」だということができる。

引用文で「同じ」というのは原語では「identify」という言葉がつかわれている。

欠けている「つなぎ」というのは、「missing link」であり、「ミッシング・リンク」といっても日本語として通用するかもしれない。つまり、ふたつの似たものの間にミッシング・リンクがあるとは、図式的には

$$S = k\ln\Omega = A$$

↑

ミッシング・リンク

ということなのである。前節までの議論では、$\ln\Omega$が大まかに粒子数Nだと考えた。それを厳密に計算してみようというのである。

だが、ここで読者の頭の中には、さらなる疑念が生じはじめているかもしれない。

「ブラックホールのミクロの状態なんてどうやって数えるのか」

さらには、こんな質問をしたい人もいるにちがいない。

「それと超ひも理論がどう関係するのか」

いや、なにしろ、僕の実験物理学の先生も頭を悩ませていたくらいだから、数式を使ってさえも、わかりやすく説明するのは至難の業だ。

だが、おおまかな流れだけなら、なんとか書くことができます。

§ブラックホールがひもになるとき

ひも理論に限らず、現代物理学に頻出する言葉が「結合定数」である。英語では、coupling とか coupling constant などという。ようするに「カップルになる強さ」ということだが、別に愛情の強さとは関係ない。(失敬)

相互作用の強さのことである。

といっても、身近にも事例はある。電磁気学で電荷どうしがクーロンの法則によって引力や斥力を及ぼし合うばあい

$$F \propto \frac{e^2}{r^2}$$

などと書くが、結合定数というのは、この電荷の２乗（e^2）のことである。

「なーんだ、電荷のことか」

まあ、そうだともいえるが、電磁気の電荷だけが結合定数ではない。

身近な力といえば、電磁気の次に重力をあげる人が多いだろう。だって、日常の経験から電気とか磁石のほかには

重力しか知らないほうがふつうだろうから。
そこで、問題です。

問題　ニュートンの万有引力の法則の式のどこに結合定数があるのか指摘せよ。

$$F = G\frac{mM}{r^2}$$

あれ？　クーロンの法則と比べてみると、答えは——。
などといいつつ、もちろん、これは引っかけ問題である。いつものことであるが。それで、答えを知っている人以外の大方の予想は、

嘘の答え　質量の m と M

というものであろう。それに対して、真の解答は、

真の答え　ニュートン定数 G

なのである。
なんだかしっくりこないかもしれない。そこで、クーロンの法則のところに戻って考えてみると、電荷の2乗などといったが、本当は、「素電荷の2乗」なのだ。素電荷 e は電荷の最小単位なので、実際の相互作用では、素電荷の2倍の電荷をもった物体と素電荷の10倍の電荷をもった物

体がある場合、力は

$$2e \cdot 10e = 20e^2$$

に比例する。だから、これを重力の法則と比べてみると

$$m\sqrt{G} \cdot M\sqrt{G} = mMG$$

なので、なんとなく、対応関係が理解できるだろう。つまり、重さの m とか M というのは、素電荷ならぬ「素重荷」(？) がどれくらいあるかをあらわすのであって、相互作用そのものの基本的な強さをあらわすのはニュートン定数の G なのだ。

ただし、電磁気学においては、電荷は素電荷の整数倍に限られるのに対して、万有引力では、そこらへんは必ずしも明らかでない。だから、クーロンの法則と万有引力の法則は、かなり似ているともいえるが、本質的にちがうともいえる。

ここから先は量子化とか素粒子とかの領域に入るので、いまは、先に進むことにしよう。

とにかく、相互作用があると結合定数なるものがある。

それで、超ムズカシイと噂の超ひも理論も、ひもどうしの相互作用があるので結合定数がある。その結合定数を g と書くと、ブラックホールと超ひも理論とのあいだには、次のような不思議な関係がある。

不思議な関係　超ひもとＤブレーンの気体の結合定数gを強くするとブラックホールになる

不思議というより、意味不明だ。

「超ひも」とは、その名のとおり、原子や素粒子のかわりに超ひもなるひも状のエネルギー状態から出発して森羅万象を説明しようという物理理論である。ここでエネルギー状態といったのは、もはや、超ひもが「モノ」であるという描像がなりたたないからであって、それは、ちょうど、人間のからだをバラバラにして分子レベルまで分解してしまったら、それは果たして人間なのか、というような情況に似ている。われわれが目で見ている物体はたしかに「モノ」であるが、それをバラバラにして分子に分けてしまったらどうだろう？　分子なら、まだまだ「モノ」という感じがするかもしれないが、さらに原子核と電子にまで分けてしまったら話が怪しくなる。そして、素粒子ともなると、ニュートンの万有引力の法則などお呼びでなくなり、量子力学というまったく別の原理によってしか記述することができなくなってしまう。素粒子自体は常に点いたり消えたりする電球のごとく、生成と消滅をくりかえしていて、そもそも、「ある」とか「ない」という概念自体がぼやけてしまう奇妙な世界に棲んでいる。そこまでゆくと、もはや、「モノ」という感じは消え失せてしまい、あるのは、どこかもやもやした、とらえどころのないエネルギー状態だとしかいいようがなくなる。

そのエネルギー状態が「ひも」みたいになっていて、そのひもが輪ゴムのような恰好になったり、切れて他のひもとくっついたり、あるいは振動したり巻いたりしながら相互作用をしている。それがもの凄く複雑になると、もしかしたら、ふつうの物理学の教科書に載っている素粒子になるのではあるまいか？　そういった仮説なのである。

「熱」に的を絞っている本書の守備範囲を逸脱してしまうので、超ひもが10次元とか11次元という頭が変になりそうな次元に棲んでいる話などは割愛するが、「Dブレーン」についてだけは解説が必要だろう。

Dブレーンというのは、「ディリクレ・ブレーン」というのが略されたものだが、一言でいえば、

「超ひもの端っこの境界条件」

のことである。

学校で振動と波動を教わったとき、波動の境界が固定されているかいないかで振動の様子に差がでるといわれませんでしたか？　あれです。

それで、Dブレーンは、輪ゴムを切った恰好の「開いた」ひもがくっついている「固定端」のようなものなのだ。ただ、ふつうの振動とちがうのは、

1. Dブレーンは時空の壁である
2. 超ひもはDブレーン上を動きまわる

という点だろう。

よろしいでしょうか？

麻のひもを用意して、その端を家の壁に釘で打ち付けた

場合、その端は完全に固定されているので動かない。だが、Ｄブレーンに固定された超ひもの端っこは、Ｄブレーン上を動くことができるのだ。イメージとしては、まるで、パントマイムの黒衣が指の間にひもの端を挟んで、空間の見えない壁にそってひもの端っこを動かしているような……そんな感じである。

家の壁とちがって、Ｄブレーンは、もともとは空間における見えない壁のようなものだった。だが、見えないといっても、超ひもの端を観察していれば、パントマイムと同じように、そこに何か壁のようなものがあることはわかる。

これは、見方を変えることだといってもいい。

ひもが壁に固定されていると考えると、どうしてもひものほうが主役に見えてしまう。だが、発想を逆さまにして、壁からにょきにょきとひもが生え出ているのだと考えれば、主役がどっちだかわからなくなってくる。

学校で教わった振動と波動のイメージからは、境界条件が物理的な実体として主役に躍り出ることなど予想もつかないはずだ。

だが、現代物理学の最先端でおこなわれている研究では、そのような奇妙な抽象化が進んでいるのだ。

とにかく、これは、イメージ的には、時空のイソギンチャクのようなものである。

さて、この超ひもとＤブレーンを集めてくる。そして、理想気体と同様、相互作用がほとんどない「気体」の状態を考える。そう、分子の代わりに超ひもとＤブレーンからできている気体である。

そんなの意味不明だ！

いえいえ、そんなことはございません。だって、すでに光子の「気体」を考えて空洞放射や黒体放射を扱ったではありませんか。光子はようするに光である、電磁波である。それが「気体」になると考えてもなにもいけないことはない。それと同じで、超ひもとＤブレーンが気体になってどこが悪い？

ようするに結合定数がゼロに近い状態を「気体」と呼んでいるわけだな、これは。

それで、もちろん、どんな超ひもとＤブレーンでもいいというわけではないのだが、ある特殊な組み合わせを用意すると、その気体の結合定数を強くした場合、ブラックホールになるのだ。

さっきから結合定数を強くするとか弱くするなどといっているが、これこそ語義矛盾の最たるものかもしれません。なぜなら、結合定数は「定数」なのに、どうして強くしたり弱くしたりできるのであるか？　素朴な疑問である。

この疑問に対しては、まず、通常の電磁気学においても、実験をおこなうエネルギーによって結合定数も変わってくる、といっておこう。（詳しくは拙著『「場」とはなんだろう』などをご覧ください）

それから、これはいろいろなところでご紹介している話なのだが、超ひも理論には「大きいことは小さいことだ」という対称性や「強いことは弱いことだ」という対称性があるのだ。このうち、ここで問題にしているのは「強いことは弱いことだ」というほうの対称性なのだが、残念ながら、かなり技術的になってしまう。そこで、もうひとつの「大きいことは小さいことだ」というのが、まんざら、ありえない話でもないことを例によって示してみよう。

宇宙の大きさをrであらわす。rの時間変化をrの上に点を打ってあらわす。すると

$$\left(\frac{\dot{r}}{r}\right)^2$$

という関数は、rを逆数の（$1/r$）にしても不変なのである。計算の不得手な人は僕の言葉を信じてください。得意な人はご自分で確かめてみてください。

これは、アインシュタインの重力理論をつかった宇宙論の方程式に実際にでてくる。そして、超ひも理論は、アインシュタインの理論を近似として含んでいるので、この式は、超ひもの対称性の一端をも示しているのだ。

とにかく、この事例と同じように、超ひも理論は、結合定数を強くしても弱くしても理論が不変だという不思議な性質をもっている。

はじめての方は、そろそろ頭痛がしてきたことと思うので、もう切り上げることにするが、結合定数というのは、一種のパラメーターであり、それを調節することによって、目の前にあるのがブラックホールに見えたり超ひもとDブレーンの気体に見えたりするというわけ。（**図39**）

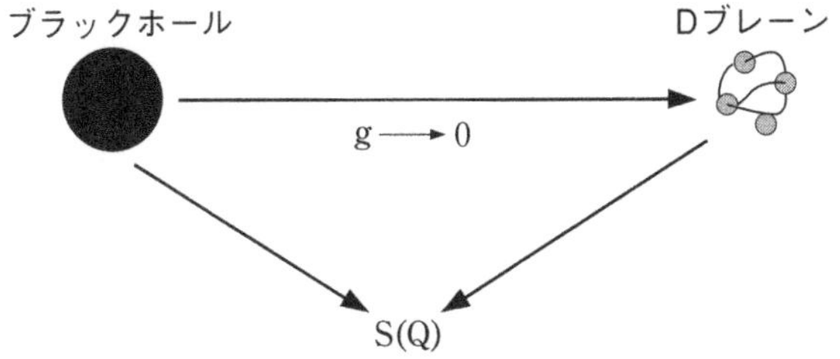

図39　結合定数gによって超ひもがブラックホールになったりDブレーンになったりする

図39～41　J. M. Maldacenaの専門論文より（巻末参考文献を参照）

ブラックホールのままだとミクロな状態は見えないので、ミクロの重複度を計算してエントロピーを計算することもできない。だが、結合定数を調節してやると、ブラックホールは、いつのまにか、超ひもとＤブレーンの気体に変身して、目の前には超ひもとＤブレーンというミクロの状態が出現する。

結合定数を変えても状態数に変化はない。対称性とは、なにかを変えても全体が同じままだという意味なのだから。

それで、そのミクロな状態を図解してみます。（**図40**）

まあ、正直いって、専門家でないと訳がわからない代物ではある。だが、こういう超ひもとＤブレーンの配置から、実際に重複度を計算することができて、エントロピーをはじきだすと、驚いたことに、前に発見的な議論によって求めた、ベケンシュタイン－ホーキングのエントロピーの式（202ページ）と一致するのである！

そればかりではなく、Ｄブレーンの上を動きまわる超ひもどうしが衝突すると、まるで飛沫があがるように輪ゴム

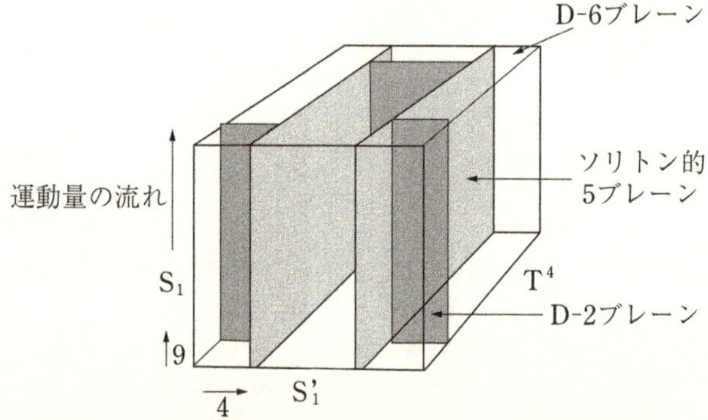

図40　ブラックホールになるDブレーンの組み合せ

の恰好の超ひもがＤブレーンから離れて飛んでゆく。これは、一種の「放射」である。そして、もうおわかりのように、これがホーキング放射をミクロの眼で見たときに起きていることなのだ。（**図41**）

マクロの説明	**ミクロの説明**
ブラックホール	超ひもとＤブレーンの気体
ホーキング放射	Ｄブレーンから超ひもが分離すること

うーむ、超ひも理論恐るべし。さすがに森羅万象の理論というだけあって、どうやら、宇宙もブラックホールも説明できてしまうらしい。これは、ちょうど、マクロの熱力学をミクロの統計力学で説明するのと同じだ。

だが、この結果は、いったい、何を意味するのだろう？

技術的な問題があって、実際にわれわれが宇宙で観測しているブラックホールそのものではなく、それに似た数学

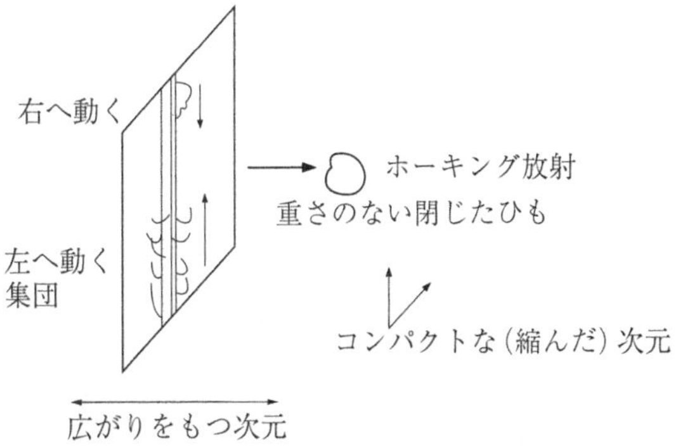

図41　ミクロで見たホーキング放射

的な構造物をあつかっているだけで、まだ、本物のブラックホールを説明したわけではない、という異論も根強い。

たとえば、ブラックホールの熱力学の創始者であるベケンシュタインは、次のようなジョークを引用して超ひものブラックホールの現状をやんわりと批判している。前にやった宇宙背景放射は、もともとジョージ・ガモフとラルフ・アルファーが1948年に5Kから10Kと予言したもので、それを1965年になってペンジアスとウィルソンが発見したのだった。この発見によって予言が確かめられて、どのような感想をお持ちで？　そう訊かれたガモフは、こう答えたのだそうだ。

「そうだね、あんたが５円玉をなくしちまったとする。どこかで誰かが５円玉を拾ったからといって、それが同じ５円玉であるとは限らんじゃないかね？」

つまり、ガモフたちの理論予測とペンジアスたちの発見とが同じものとは限らない、といったのである。ちがう理論によっても3Kの宇宙背景放射は予測できるかもしれない。

それと同じで、ベケンシュタインは、

「Dブレーンのブラックホールと伝統的なブラックホールは同じ5円玉なのかい？」

と、問うのである。

僕自身は、もう少し超ひも理論が発展すれば、いずれは同じ5円玉だったということが判明すると期待しているのだが、はたして、どうなることやら。

エピローグ

「マックスウェルの悪魔」や「エントロピー」といった話題は、科学だけでなく、芸術家の創作意欲を刺激する話題らしい。

たとえば、「マックスウェルの悪魔」というバレエ音楽がある。リチャード・アインホーンというニューヨーク在住の作曲家によるものだ。この音楽を聴いていると、いつのまにか、間仕切りでふたつに分かれた部屋の光景と、仕切りにあいた小さな扉を忙《せわ》しなく開け閉めして、分子を選り分けている小悪魔の姿が浮かんでくる。（この曲は、www.richardeinhorn.com から入手可）

あるいは、トマス・ピンチョンの初期短編集に「エントロピー」という題名の作品がある。作者によれば、この作品は、駆け出しの作家が陥りやすい過ちの見本なのだという。主題からはじめて、キャラクターたちを主題に沿うように動かそうとすると、そのキャラクターたちは、生気を失ってしまう。そういわれて読んでみると、たしかに、そのとおりなのだが、それは、それで、エントロピーという題名が、恐ろしいほど短編の雰囲気を伝えていて、やはり、大作家はちがうのだと妙なところに感心した。

ピンチョンを読んでいたら、なぜか、高校の生物学の教科書に「生物の死はエントロピー最大の状態である」と書いてあったのを思い出した。

生物は食物を摂ることによってエネルギーを得ているが、それは、話の半分にすぎない。エントロピーという側面から考えると、生物は、低いエントロピーの食物を体内に摂取して、高いエントロピーの排泄物として体外に出すことによって、自分の体のエントロピーを下げているのだ。(「ネゲントロピーを食べている」といってもいい。入ってくるよりも出てゆくほうが多いのだから、体内のエントロピーは下がる勘定になる)

生物といえども、エントロピー増大の法則を免れることはできない。ほうっておけば、体は、どんどん無秩序な方向へと流される。だから、「生きる」ということは、この無秩序化の傾向に必死に抵抗する試みだともいえる。

あるいは、輝く星空も、エネルギーの観点からすれば、星が水素などの元素を燃やして光のエネルギーを出しているにすぎないが、エントロピーの目で見てみれば、それは、まったく別の姿であることに気がつく。

星は中心核(コア)で水素などの燃料を燃やしているが、そこからは熱が発生して、外向きの圧力が生まれる。この圧力がなければ、星は、みずからの重力を支えきれずに、潰れてしまう。重力は、星を収縮させようとする。万有引力とは、そうやって「物質をまとめよう」とするものであり、秩序をつくろうとする力なのだ。それに対して、熱の流れとエントロピーの発生は、内側から星を押し広げようとするものであり、秩序を破壊しようとする力なのだ。だから、星が輝いているのは、ある意味では、重力とエントロピーの戦いなのであり、その決着がつかないで均衡をたもっているからこそ、星は爆発もせず、潰れもしないでいられる。

ブラックホールは、最終的に重力がエントロピーに勝って、星が潰れたものだ。だが、その勝利も一時的なものでしかない。ホーキング放射によって、ブラックホールは、次第にバラバラになってゆき、最後には、蒸発してしまう。

この本は「熱とはなんだろう」という題名で書き出したのだが、こうやって書き終えてみると、初歩的な熱のお話というよりは、ブラックホールの熱力学やホーキング放射など、物理学のもっとも難しい話題にかなり踏み込んで解説したものになってしまった。

また、僕としては、ブルーバックスでは初めて、数式をつかった横組みという形式でやらせていただいた。

果たして、このような「高度な内容」と「数式もつかう」というスパルタ路線が、ゆとり教育における「やさしい内容の周知徹底」という流れの中で、読者の支持を得ることができるかどうか……職業作家としては、大きな冒険となってしまった。

その冒険に最後までつきあってくださった読者と、そもそもの冒険を許可してくださったブルーバックス編集部の梓沢修氏に感謝しつつ、筆を擱《お》くこととする。

付録

1　サッカー - テトロード（Sackur-Tetrode）の式

理想気体のエントロピーは

$$S = Nk\left[\ln\left\{\frac{V}{N}\left(\frac{4\pi mU}{3Nh^2}\right)^{\frac{3}{2}}\right\} + \frac{5}{2}\right]$$

という恰好をしている。h はプランク定数といわれるもので、やはり、数値を書いておくと

$$h = 6.626 \times 10^{-34} J\cdot s$$

である。単位はジュールに「秒」をかけたもの。m は粒子の質量。

この怪物みたいなエントロピーの式自体も一種の近似式であるが、この対数の中身の体積 V と内部エネルギー U の部分だけに着目して、さらに近似をとると、本文にでてきた

$$S \approx Nk\ln V + \frac{3}{2}Nk\ln U$$

という形になる。インチキをやっているわけではない。理想気体の体積および内部エネルギーに対する依存を論ずるときは、この式があれば充分なのだ。

2　理想気体の内部エネルギー

理想気体の内部エネルギーを初等的な考察（！）によって導いてみよう。

初等的な考察 1　1つの剛球がピストンに及ぼす力 F は？

簡単である。誰でも知っているニュートンの公式からはじめよう。$F = ma$ というやつ。ここで m は剛球の重さ。a は加速度で、速度の時間変化だから

$$a = \frac{\Delta v}{\Delta t}$$

と書くことができる。速度の変化は、たとえば、秒速100メートルでピストンに当たって跳ね返ると、秒速マイナス100メートルに変わる。速さは同じで向きが変わるだけだから。つまり、速度 v が（$-v$）になるので、変化は

$$\Delta v = v - (-v) = 2v$$

になる。

シリンダーの長さを L とすると、剛球が往復する距離 $2L$ を速さ v で割って、変化にかかる時間は

$$\Delta t = \frac{2L}{v}$$

となる。

したがって

$$F = ma = m\frac{\Delta v}{\Delta t} = m\frac{2v}{\left(\frac{2L}{v}\right)} = \frac{mv^2}{L}$$

が、ピストンにかかる力ということになる。

初等的な考察2　圧力Pは力Fをピストンの面積Aで割ったもの

これは圧力の定義である。面積あたりの力のこと。だから、考察1の結果を代入すると

$$P = \frac{F}{A} = \frac{mv^2}{AL} = \frac{mv^2}{V}$$

であることがわかる。面積Aに長さLをかけると体積Vになるからだ。これは

$$PV = mv^2$$

と書くことができる。

初等的な考察3　剛球がN個になると？

考察1と2では剛球が1個の場合を考えたが、シリンダーの中に剛球がN個入っているとすると、N倍になって

$$PV = Nmv^2$$

と書くことができる。ただし、これは、N個の場合の「平均値」である。

初等的な考察4　これを理想気体の式と比較すると？

理想気体の式というのは

$$PV = NkT$$

でしたね。ということは、ふたつの式を比べてみると

$$Nmv^2 = NkT$$

であることがわかるが、Nは打ち消されて

$$mv^2 = kT$$

となる。これを見慣れた運動エネルギーの恰好にするには、係数の1/2をつけて

$$\frac{1}{2}mv^2 = \frac{1}{2}kT$$

とすればよい。左辺は剛球1個の運動エネルギーの平均値であり、右辺は温度だから、これで、内部エネルギーと温度の関係が導けた！

実は、これまでは、ピストンの方向だけを考えてきたのだが、運動エネルギーの計算には、他の方向も考慮に入れないといけない。ピストンの方向をxとすると、他にもy方向とz方向があるので、内部エネルギーは、3倍になって、最終的に、1個あたり

$$\frac{3}{2}kT$$

の寄与があり、N個の剛球だと

$$U = \frac{3}{2}NkT$$

ということになる。

3　d'の意味

微分方程式を学ぶと、しょっぱなに、積分因子なるものに出くわすことになる。そのままの恰好では解けない問題が、積分因子をかけると、すぐに積分できる恰好に変換できるのである。

熱力学にでてくる$d'Q$というのは、まさに、そのままでは微分方程式が解けない場合にあたり、積分因子の（$1/T$）をかけてやると、積分できるようになる。

実際

$$dU = TdS - PdV$$

を変形して

$$TdS = dU + PdV$$

さらに

$$dS = \frac{dU}{T} + \frac{PdV}{T}$$

という形にすると、積分することができる。エントロピー S は、最初と最後の状態だけで決まる「状態量」なので、途中の過程によらずに値が決まる。例として、単原子理想気体の場合

$$PV = NkT$$

$$U = \frac{3}{2}NkT$$

であるから、代入して

$$dS = \frac{3}{2}Nk\frac{dU}{U} + Nk\frac{dV}{V}$$

となるので、すぐに積分ができて（定数を無視して）

$$S = \frac{3}{2}Nk\ln U + Nk\ln V$$

になる。これは、サッカー－テトロードの式である！

注：積分が出てきてしまって申し訳ないが、

$$\int\frac{dx}{x} = \ln x$$

という公式をつかいました。

4　ミクロの統計力学とマクロの熱力学

エントロピーの式は、ミクロの立場からは

$$S = k \ln \Omega$$

であり、マクロの立場からは

$$\Delta S = \frac{Q}{T}$$

なのであった。本文では、このふたつの関係について、あまり詳しく書かなかった。だが、やはり、どうにも気持ち悪いので、ちょっと補足しておこう。

こういうのは、とにかく具体例で確認するのが第一歩なので、理想気体を例に計算してみる。

具体例　理想気体の等温膨張（あるいは収縮）

まず、マクロの見方から。

熱力学の第一法則は

$$\Delta U = Q + W$$

なのだった。Q は理想気体に入ってくる熱で W は入ってくる仕事。内部エネルギーの変化は、等温過程（$dT = 0$）の場合

$$\Delta U = \Delta\left(\frac{3}{2}NkT\right) = \frac{3}{2}Nk\Delta T = 0$$

となって、増減がない。ということは、理想気体に入ってくる熱 Q は、入ってくる仕事 W にマイナス符合をつけたものになる。いいかえると、入ってくる熱 Q は、出ていく仕事に等しい。式では

$$Q = -W$$

である。

これは、ようするに、周囲から熱が入ってきて、ピストン内の理想気体が膨張して、外部に対して仕事をする、ということにほかならない。(外部から仕事をされて収縮する場合は、逆に、熱が外に逃げてゆく)

さて、仕事 W の最終的な「収支決算」は、積分して

$$W = -\int PdV$$

になる。(積分というのは、ようするに、「すべてを足す」という意味である。) だから、エントロピーの変化 $\varDelta S$ は

$$\varDelta S = \frac{Q}{T} = \frac{-W}{T} = \frac{\int PdV}{T}$$

ということになる。これに理想気体の式

$$PV = NkT$$

を代入すると

$$\Delta S = Nk\int \frac{dV}{V}$$

である。最初の体積を V_i、最終的な体積を V_f と書いて積分すると

$$\Delta S = Nk\int_{V_i}^{V_f} \frac{dV}{V} = Nk\ln\frac{V_f}{V_i}$$

が、理想気体のエントロピーということになる。これは、本文中に出てきたのと同じだ。

次に、ミクロの立場からの計算を見てみよう。

$$S = k\ln\Omega$$

という式において、重複度 Ω がわかればいいのだが、これは、ようするに「粒子がどこにあるのか」という可能性（確率）のことなので、体積が大きいほど重複度も大きいわけで

$$\Omega \propto V$$

だと考えられるので

$$\Delta S = k\ln\Omega_f - k\ln\Omega_i = k\ln\frac{\Omega_f}{\Omega_i} = k\ln\frac{V_f}{V_i}$$

となる。これは、粒子１個あたりの計算なので、粒子が N 個あるときは、N 倍して

$$\varDelta S = Nk \ln \frac{V_f}{V_i}$$

である。

さほど厳密でもないが、ちゃんとした議論である。

結論として、マクロな計算とミクロな計算とが一致した！

なんだか、わかったような、わからないような……気持ち悪い感じをぬぐい去ることができないが、ポイントは、いまの場合、

「入ってくる熱 Q は、出ていく仕事に等しい」

あるいは、同じことだが、

「周囲から熱が入ってきて、ピストン内の理想気体が膨張して、外部に対して仕事をする」

ということであり、熱が流入すると理想気体が膨張して体積が増える、という点にある。

体積が増えるというのは、ある粒子の「居場所」の選択肢が増える、という意味であり、可能性が増大する、という意味であり、ぶっちゃけた話、重複度が大きくなる、ということにほかならない。だから、ここにあげた理想気体の等温膨張（収縮）に関するかぎり

熱の流入 Q ＝体積 V の増大＝重複度 Ω の増大

という関係が成り立っていることになる！

だから、現象論的に熱 Q を用いて記述した熱力学のエントロピーの式は、ミクロな状態数を用いて記述した統計力学のエントロピーの式に一致するのである。

実は、巻末に挙げた教科書などをご覧いただくと

$$\varDelta S = \varDelta (k\ln\Omega) = \frac{Q}{T}$$

という関係が、もっと一般的な場合にも成り立つことがわかる。一般的、というのは、もっと具体的にいうと「準静的過程」のことである。

熱力学と統計力学のエントロピーの関係を比喩的に説明してみよう。

工学で電気回路を学ぶとき、「ブラックボックス」を用いることがある。箱の中身の配線は外からはわからない。だが、そこに、いろいろと入力してやって、そのたびに出力を記録しておけば、やがて、中身がどうなっているのか、推測することができるようになる。本当のところは、実際に箱をあけて、中を調べないとわからないが、少なくとも、その箱と同じような反応を示す同値回路をつくることは可能になる。

それと同じで、箱の中身は調べないで、反応だけをみて、現象論的に記述するのがマクロの立場の熱力学であり、実際に箱をあけてみて、中身の細かい配線のレベルで記述するのが、ミクロの立場の統計力学なのだとお考えください。

あまりいい比喩かどうかわからないが、当たらずといえども遠からず、という感じではないだろうか。

本文の最後のほうでご紹介した、ブラックホールのエントロピーの話も、熱力学の計算と統計力学の計算が一致した、という意味では、この理想気体の等温膨張の話と同じようなものなのだ。ブラックホールは物理的性質が（パラメーターが少ない

という意味で）単純なので、理想気体と同じように、計算がしやすかったわけだ。

5　2倍の重さのブラックホールは蒸発するのに8倍の時間がかかること

これは、簡単な微分方程式を解くとわかる。ブラックホールのパワーは単位時間あたりの重さMの変化に等しいのであり、本文から、それが重さMの2乗に反比例するのであるから、方程式は、係数を別にして

$$\frac{dM}{dt} = \frac{1}{M^2}$$

という恰好になる。これを変形すれば

$$dt = M^2 dM$$

であるから、すぐに、蒸発までの時間tが

$$t \propto M^3$$

と、最初の重さMの3乗に比例することがわかる。最初の重さが2倍ちがえば、だから、蒸発するまでの時間は8倍ちがうことになる！

参考文献

例によって網羅的ではないが、本書で文章を引用させていただいたり、図版の参考にさせていただいた本やオススメの本をあげておきます。

■エントロピーとマックスウェルの悪魔

『新装版　マックスウェルの悪魔』都筑卓司（講談社）

『悪魔とエンジンと第二法則』C・H・ベネット（「サイエンス」1988年1月号）

『エントロピーから化学ポテンシャルまで』化学サポートシリーズ　渡辺啓（裳華房）

『エントロピー入門』杉本大一郎（中央公論新社）

『いまさらエントロピー？』パリティブックス　杉本大一郎（丸善）

『INFORMATION IS PHYSICAL』Rolf Landauer（Physics Today, May 1991）

■熱力学の教科書

『An Introduction to Thermal Physics』Daniel V. Schroeder（Addison-Wesley）　➡定番！

『熱力学・統計力学』原島鮮（培風館）　➡僕が大学のときにつかった教科書。

『熱力学』新物理学シリーズ32　田崎晴明（培風館）

■熱力学の歴史

『熱学思想の史的展開』山本義隆（現代数学社）

■計算

『ファインマン計算機科学』A・ヘイ、R・アレン編、原康夫、ほか訳（岩波書店）➡さすがファインマンと思わせる名著。わからないことがわかるように書かれている。

『数学基礎論入門』R・L・グッドステイン著　赤攝也訳（培風館）

『パソコンによる広告管理』広研シリーズ　八巻俊雄監修、竹内聖編著（日経広告研究所）

■宇宙とブラックホール

『宇宙地球科学』杉本大一郎、浜田隆士（東京大学出版会）
　➡僕が大学のときにつかった教科書。

『ブラックホールと時空の歪み』キップ・S・ソーン著　林一ほか訳（白揚社）➡ブラックホールに関する近年希に見る好著。ほとんどの話題がわかりやすく網羅されている。

■熱力学と文化

『二つの文化と科学革命』C・P・スノー著　松井巻之助訳（みすず書房）➡古典的な名著。

『SLOW LEARNER』Thomas Pynchon（Picador）

■専門論文（原則としてネットから入手できるもの）

　インターネットの「http://jp.arXiv.org/」で検索すると以下の専門論文が入手可能です。

『Black Holes in String Theory』Juan Martin Maldacena

『Black Holes and D-branes』Juan Martin Maldacena

『Gravity, Particle Physics and their Unification』Juan Martin Maldacena

『Irreversibility and Heat Generation in the Computing Process』R. Landauer
『Conservative Logic』Edward Fredkin, Tommaso Toffoli
『The Thermodynamics of Computation—a Review』Charles H. Bennett
『The Limits of Information』Jacob D. Bekenstein
『Microscopic Origin of the Hawking Entropy』Andrew Strominger, Cumrun Vafa

『MAXWELL'S DEMON: ENTROPY, INFORMATION, COMPUTING』Harvey S. Leff, Andrew F. Rex (Adam Hilger)
➡論文選集。ベネット、シラード、ブリルアン、ランダウアーらの重要論文も網羅している。

資料をお送りくださった斉藤晶氏と荒野健彦氏、一部のコンピューター用語のチェックをしてくださったTsukikage氏、モニターをやってくださった小林芳直氏と間中千元氏にお礼を申し上げます。

さくいん

【さ行】

【た行】

【な行】

【は行】

【ま行】

【や行】

【ら行】

【わ行】

N.D.C.421.4　270p　18cm

ブルーバックス　B-1390

熱《ねつ》とはなんだろう

温度・エントロピー・ブラックホール……

2002年11月20日　第1刷発行
2025年3月19日　第10刷発行

著者　竹内《たけうち》　薫《かおる》

発行者　篠木和久
発行所　株式会社講談社
〒112-8001 東京都文京区音羽2-12-21
電話　出版　03-5395-3524
販売　03-5395-5817
業務　03-5395-3615
印刷所　(本文表紙印刷) 株式会社ＫＰＳプロダクツ
(カバー印刷) 信毎書籍印刷株式会社
製本所　株式会社ＫＰＳプロダクツ

定価はカバーに表示してあります。

©竹内　薫　2002, Printed in Japan
落丁本・乱丁本は購入書店名を明記のうえ、小社業務宛にお送りください。送料小社負担にてお取替えします。なお、この本についてのお問い合わせは、ブルーバックス宛にお願いいたします。
本書のコピー、スキャン、デジタル化等の無断複製は著作権法上での例外を除き禁じられています。本書を代行業者等の第三者に依頼してスキャンやデジタル化することはたとえ個人や家庭内の利用でも著作権法違反です。

ISBN4−06−257390−3

発刊のことば

科学をあなたのポケットに

二十世紀最大の特色は、それが科学時代であるということです。科学は日に日に進歩を続け、止まるところを知りません。ひと昔前の夢物語もどんどん現実化しており、今やわれわれの生活のすべてが、科学によってゆり動かされているといっても過言ではないでしょう。

そのような背景を考えれば、学者や学生はもちろん、産業人も、セールスマンも、ジャーナリストも、家庭の主婦も、みんなが科学を知らなければ、時代の流れに逆らうことになるでしょう。

ブルーバックス発刊の意義と必然性はそこにあります。このシリーズは、読む人に科学的に物を考える習慣と、科学的に物を見る目を養っていただくことを最大の目標にしています。そのためには、単に原理や法則の解説に終始するのではなくて、政治や経済など、社会科学や人文科学にも関連させて、広い視野から問題を追究していきます。科学はむずかしいという先入観を改める表現と構成、それも類書にないブルーバックスの特色であると信じます。

一九六三年九月　　野間省一